普通高等教育一流本科专业建设成果教材

化工仿真实训

范辉 李平 张晓瑞 主编

U0243736

化学工业出版社

·北京·

内容简介

本书主要介绍了化工仿真基础知识、传热综合实验仿真实训、液-液萃取塔实验仿真实训、二氧化碳吸收与解吸实验仿真实训、精馏综合实验仿真实训和煤制油装置 3D 仿真实训，实训所涉及的工艺过程与实际工业生产结合紧密，并在章后配备了思考题。本书注重培养学生规范操作、团结协作、安全生产、节能环保等职业素养，通过运用虚实结合的实验装置与数字化动态模型，深层次地诠释化工单元操作与典型化工装置开车、停车、事故处理等实际工程问题，使学生得到解决复杂工程问题必要的分析能力训练和技能训练，为更好地适应工作岗位的要求打下坚实基础。本书可作为大、中专院校化工、能源、制药、轻工等专业学生的教材，也可作为企业人员技能培训、岗位培训的教材及参考书。

图书在版编目（CIP）数据

化工仿真实训/范辉，李平，张晓瑞主编．—北京：
化学工业出版社，2023.2
ISBN 978-7-122-42976-6

Ⅰ.①化… Ⅱ.①范… ②李… ③张… Ⅲ.①化学工业-
计算机仿真-教材 Ⅳ.①TQ015.9

中国国家版本馆 CIP 数据核字（2023）第 027081 号

责任编辑：丁文璇　　　　　　　　　文字编辑：杨凤轩　师明远
责任校对：王鹏飞　　　　　　　　　装帧设计：张　辉

出版发行：化学工业出版社（北京市东城区青年湖南街 13 号　邮政编码 100011）
印　　装：三河市延风印装有限公司
787mm×1092mm　1/16　印张 6¾　字数 160 千字　　2023 年 2 月北京第 1 版第 1 次印刷

购书咨询：010-64518888　　　　　　　　　售后服务：010-64518899
网　　址：http://www.cip.com.cn
凡购买本书，如有缺损质量问题，本社销售中心负责调换。

定　　价：28.00 元

前　言

化学工业是国民经济的支柱产业之一，随着化学工业日益朝着集成化、大型化方向发展，化工生产自动化控制的技术水平越来越高，职业资格准入制度也不断推进，经济与行业的发展对生产运行人员的操作能力与水平有了更高的要求。化工仿真实训课程是化工及相关专业的一门专业实践环节课程，具有较强的实践性和综合性，由于其涉及专业知识覆盖面广、实用性强，对于学生理论知识的应用与实践能力的提升具有重要作用。

本书主要涵盖三个方面的内容：

（1）仿真系统简介，包括化工仿真的基本概念、仿真技术的优点和分类及化工仪表的控制原理；

（2）常用化工单元操作系统介绍，包括传热、萃取、吸收与解吸、精馏等典型化工操作单元的实验目的、实验原理、实验方法及步骤、数据处理等；

（3）典型化工产品及原料生产过程——煤制油生产过程的综合仿真操作系统介绍，包括主要设备（泵、压缩机、换热器、塔、反应器等）的自动控制方案，煤制油生产工艺流程介绍、开停车操作步骤及事故处理操作。

本书以目前在化学工业中广泛使用的成熟技术及工艺作为重点，同时对近年来在化工企业生产中采用的新标准、新技术、新工艺和新设备也有所涉及，力求体现本行业的技术发展趋势，可以满足化学工程与工艺、能源化学工程等本科、高职专业产教融合的需求，培养和提高学生的工程素养和实践能力，也可为企业员工职业岗位培训提供指导。本书亦为省级一流本科专业建设成果教材。

本书由宁夏大学范辉、李平，宁夏大学新华学院张晓瑞主编。全书分6章，其中第1章（1.1～1.4）、第3章由雍海波编写，第1章（1.5）、第2章由任艳娇编写，第4章、第5章由张晓瑞编写，第6章由邵秀丽编写。全书由范辉和李平拟定大纲、组织编写并审核，由张晓瑞统稿和整理。主要仿真设备及原理素材资源由北京欧倍尔软件技术开发有限公司提供技术支持。

本书的出版得到了宁夏回族自治区产教融合"示范专业"项目（2018SFZY26）、宁夏回族自治区一流本科专业建设点的资助，同时感谢北京欧倍尔软件技术开发有限公司张文超提供技术支持和帮助。

由于水平有限，书中不妥之处敬请读者批评指正，编者不胜感激。

编者

2022 年 8 月

目　录

第1章　概述

第2章　传热综合实验仿真实训

第6章　煤制油装置 3D 仿真实训

参考文献

第1章
概 述

1.1 化工仿真基本概念

1.1.1 仿真技术

仿真是对代替真实物体或系统的模型进行实验和研究的一门应用技术科学。所谓的仿真技术就是以计算机和各种物理设备为工具，以信息技术、系统技术、与类似原理及其应用领域有关的专业技术为基础，利用系统模型对实际的或设想的系统进行实验研究的一门综合性技术。仿真系统是以计算机软件为基础，在充分了解应用领域的具体生产过程、影响因素和工艺条件的状况下，通过建模对生产过程进行动态模拟所形成的系统。通俗地说，就是把生产的实际情况或实验的实际情况搬到计算机上来操作或实验。仿真技术开始在化工领域和水利领域等多个技术领域中得到广泛应用。近年来，在社会经济发展中发挥十分显著的作用。目前，仿真技术已经取得显著的发展，在军事领域、农业生产领域、安防领域等发挥着不可替代的作用。

1.1.2 虚拟仿真技术

虚拟仿真技术也称虚拟现实技术或模拟技术，就是用一个虚拟的系统模仿另一个真实系统的技术，具有的四个特点是沉浸性、交互性、虚幻性、逼真性。从狭义上讲，虚拟仿真技术是指20世纪40年代伴随着计算机技术的发展而逐步形成的一类实验研究的新技术；从广义上来讲，虚拟仿真技术则是在人类认识自然界客观规律的历程中一直被有效地使用着且不断发展更新。由于计算机技术的不断发展，仿真技术逐步自成体系，成为继数学推理、科学实验之后人类认识自然界客观规律的第三类基本方法，而且正在发展成为人类认识、改造客观世界的一项通用性、战略性技术。虚拟仿真技术以构建全系统统一的完整的虚拟环境为典型特征，并通过虚拟环境集成与控制为数众多的实体。实体可以是模拟器，也可以是其他的虚拟仿真系统，也可用一些简单的数学模型表示。实体在虚拟环境中相互作用，或与虚拟环境作用，以表现客观世界的真实特征。虚拟仿真技术的这种集成化、虚拟化与网络化的特征，充分满足了现代仿真技术的发展需求。

1.1.3 化工仿真技术

计算机仿真是指采用电子计算机对人的思维行为和思维过程进行模仿。而化工仿真技术是建立在计算机软硬件系统之上，模拟的基础和对象为实际生活中的仪器设备和化工工艺等，利用计算机软件的编程技术对设备的工艺流程以及操作流程进行模拟。在本科教育教学以及企业员工培训中，化工仿真技术应用发挥着重要的作用。从20世纪80年代之后，国内外科研工作者积极研究开发计算机仿真系统，该系统被广泛应用在本科教育教学以及企业的培训中。2000年来，计算机软硬件水平取得迅速的发展，从而也逐步促进了化工仿真技术的快速发展，仿真技术从传统的二维仿真进一步拓展到虚拟现实（virtual reality，VR）、3D可视化中。

1.1.4 化工仿真工厂

化工仿真工厂的概念是由北京东方仿真软件技术有限公司、浙江中控科教仪器设备有限公司等化工教学仪器生产研发单位提出的。由缩小型的化工实物装置、管线、阀门，模拟企业生产的中控室、测控通信系统、化工仿真软件等共同构成一个整体，形成所谓的化工仿真工厂。将化工仿真工厂的相关学习引入到大中专院校中，为化学工程与工艺专业的学生的实践教学服务。化工仿真工厂的引入，使学校在化工工艺的教学中真正做到车间和教室融通合一，理论与实践教学一体。

1.2 化工仿真及其作用

21世纪以来科学技术飞速发展。现代化工生产工艺具有原料众多、产品多样、工艺复杂以及生产规模大等特点，促使生产过程向实现智能化和规模化发展；除此之外，政府和企业对安全生产有着比较高的要求；同时，化工生产要求化工从业人员要具备较高的专业素养、职业素质和操作技能。对于传统的讲授式培训方式来说，已无法适应现代化工发展的需求。应用现代化工仿真技术能够对生产工艺相关设备的运行以及故障等进行模拟，且化工仿真除了计算机之外，不用再追加硬件投资，不但使教育教学和员工岗位培训变得更加的安全，还使得教学的效率得到显著提升。仿真技术在化工实践教学中的应用效果具体表现为：

（1）概念获取

仿真技术运用计算机图形技术的二维或者三维动画展示仿真模型实体的运动状况，促使教师教和学生学能够相互配合。利用动画展示，促使人们能够在屏幕上观看仿真系统的具体运行情况，能够对实践情况有一个全新的认识，使人们在屏幕上就能直接观看到操作中存在的错误，使得学生可以对系统形成更加全面的认识。

（2）加强激励

对于计算机仿真辅助训练来说，采用人机对话可以及时收到信息反馈，进而对学生的学习速度和进度做出合理的调整，不但可以增加教学力度，同时还能引导学生主动听讲，能够积极地接受教师传授的知识，使得教学效果更加的明显。仿真训练合理地采用程序化教学模式，因材施教，进而更好地指导现代化教育。

（3）训练智能

化工仿真体现了多个学科的研究水平，其中包含数字仿真技术、模拟工程、计算机工程、控制工程以及应用工程，具有非常高的应用价值和技术含量。化工仿真是对化工系统进行模拟，学生不用到工厂就可以利用电子网络进行管理和操作，帮助学生了解、思考生产中的组分、压力以及流量等数据，使学生学会从本质上看问题，进一步提升学生的认知能力，并使学生的综合分析能力显著提升。

（4）培养创造性

仿真培训使学生对操作控制方案的探索能够得以实现，促使学生能够利用仿真系统重新设计操作方案，能够对未知事物形成更加全面的认识，使学生能够进行独立的思考。

1.3 化工仿真软件模拟训练的优点

化工仿真软件进行化工仿真模拟训练有以下几个方面的优点：

第一，化工仿真软件具有非常好的直观性和可操作性。通过化工仿真软件能够模拟企业真实的生产过程，在计算机上真实再现企业生产过程的动态特性。通过模拟真实化工生产过程中的开车、停车、正常运行以及各类故障事故发生时的现象及故障处理，学生非常直观地看到生产过程中涉及的参数及其发生的各类变化，使学生不进生产现场就能了解化工生产装置的生产和操作过程，完成生产过程中各个岗位的实际操作的训练，了解发生事故时出现的现象并掌握如何处理故障。

第二，化工仿真软件具有非常好的可选择性和重复性。学生在仿真系统上可反复进行化工生产过程的开车、停车、正常运转、事故判断和处理的训练，学生真正成为学习的主体，可以根据自己的实际情况进行选择性学习。同时，对于未能掌握的操作和未能理解的知识，学生可以亲自动手进行反复多次的训练，以增强自身对知识的理解，提高自身的实践操作技能，而这在企业的真实生产中是不可能实现的。

第三，化工仿真软件具有较好的灵活性和考核性。为便于操作，软件公司在开发化工仿真系统时就考虑设置了参数设定、时标设定、趋势记录、报警记录、工况冻结、储存加载和成绩评定等技术，这样，便于教师采取灵活的教学方法和不同的测评方式训练和考核学生。

第四，化工仿真软件中可设定各种生产中可能发生的各类故障以及生产中的各类极限运行状态，这在实际的生产过程中是不可能让学生进行训练的。通过化工仿真训练，可以让学生充分认识到各类故障发生时会出现什么现象，如何处理。通过这类的仿真训练，真正锻炼了学生判断故障、排除故障、解决问题的能力以及处理复杂问题的能力。

第五，当前的化工企业基本都是采用自动控制进行生产的，化工企业的总控室中的操作和化工仿真操作的方式是一致的。学生在化工仿真操作过程中，就像置身于真实的职业环境中工作。同时在操作的过程中，可以进一步培养学生遵守职业纪律和操作规范的意识、提高质量的意识和环境保护的意识。

第六，化工仿真软件具有较好的交互功能，学生可以自己亲自动手操作，能吸引学生的注意力和发挥学生的主动性，能有效地提高学生的学习兴趣，从而有利于提高学生的实习效果。

第七，化工仿真软件可根据需要进行升级和完善。根据化工生产实际的变化和教学的需要，可要求软件公司对化工仿真软件中内容进行更新和升级，真正能做到与专业技术实际的发展同步。

第八，化工仿真软件具有非常好的安全性。化工仿真模拟是在计算机上进行化工生产的虚拟操作，即使学生操作失误了也不会造成坏的影响，更不会出现人身危害、设备破坏、环境污染等问题，具有非常好的安全性。

1.4　化工仿真分类

（1）化工原理仿真

化工原理和化工工艺的操作过程、设备用途和构造以及基本原理等存在十分密切的联系，在操作和验证时，需要进行十多个实验才能完成。化工原理实验仿真结合实际的实验操作流程，使得学生可以全面地了解。部分院校由于受到资金等因素的影响，校园内不具备化工原理实训设备，学生不能进行实际操作。化工原理实验仿真能够很好地解决这一问题。比如，东方仿真软件提供的化工原理实验仿真多达十余个，例如精馏、传热等。利用仿真能够使学生更清楚地了解化工设备的实际操作以及化工原理基础理论。

（2）化工单元操作仿真

化工单元操作课程教授的内容主要是化工生产中的单元操作，例如精馏和流体输送等常识。学生通过学习化工单元操作知识，可以有效地了解与设备以及单元操作有关的基本理论，进而对化工设备操作办法有更加全面的认识，例如停车、排除故障以及开车等。利用仿真技术可以在计算机上模拟典型设备以及化工单元等，学生利用仿真操作能够对化工生产相关知识形成正确的认知，如单元操作技术以及单元操作原理等，这些都是一些常用的知识。采用化工仿真技术可以有效地解决学生在实际训练中面临的问题，减少硬件投入，促使学生的学习效率得到显著提升。

（3）化工工艺仿真

化工工艺课程教授的内容主要是典型的化工生产工艺，对典型化工产品的生产原理和化工过程进行介绍。学生通过对典型化工产品排除故障方法以及生产工艺操作等知识的学习，对化工生产形成全面的认识。化工工艺课程的学习内容存在特殊性，在学校不便开展实际训练，一般情况下都是在企业中进行实际操作。利用计算机仿真技术模拟典型的化工产品生产工艺，学生可以通过计算机操作有效地了解生产原理等知识。当前计算机技术快速发展，并已取得显著成绩，比如 3D 技术等已经被广泛应用于人们的生活中，使得仿真技术的真实程度和实时性得到有效提升，能够使学生接受更好的培训并产生更好的教学效果。仿真实训软件除了化工生产中的各种主要单元操作，如离心泵、换热器、真空系统、罐区、管式加热炉、压缩机、精馏塔、吸收-解吸、液位控制系统、锅炉、催化剂萃取控制单元、间歇反应釜、流化床反应器、固定床反应器等外，还包括典型煤化工生产过程，如合成氨工艺、甲醇合成工艺、水煤浆加压造气工艺、二甲醚合成工艺。

1.5　化工仪表控制原理

1.5.1　自动控制系统的基本组成

在石油、化工等生产过程中，需要时刻将生产装置中的压力、流量、液位、温度等参数维持在一定的数值上或者按照一定的规律变化，以满足生产要求。生产过程中各种工艺条件不可能是一成不变的，特别是化工生产，大多数是连续性生产，各设备相互关联，当其中某一设备的工艺条件发生变化时，可能引起其他设备中某些参数的波动，偏离正常的工艺条件。为此，需要用一些自动控制装置，对生产中某些关键性参数进行自动控制，使它们在受到外界干扰影响而偏离正常状态时，能够自动地控制并回到规定的数值范围内，以此为目的而设置的系统就是自动控制系统。自动控制，可在检测的基础上，应用控制仪表和执行器来代替人工操作，具体过程是控制仪表将被控制变量的测量值与给定值相比较，产生一定的偏差，控制仪表根据该偏差进行一定的数学运算，并将运算结果以一定的信号形式送往执行器，以实现对被控变量的自动控制。

自动控制系统由自动化装置和对象组成。

自动化装置一般至少应该包括 3 个部分，分别来模拟人的眼、脑和手的功能。对于一个液位自动控制系统，自动化装置的 3 个部分分别是：

① 测量元件与变送器。它的功能是测量液位并将液位的高低转化为一种特定的、统一的输出信号。

② 自动控制器。它接收变送器送来的信号，与工艺需要保持的液位高度相比较，得出偏差，并按某种运算规律算出结果，然后将此结果用特定信号发送出去。

③ 执行器。通常指控制阀，它与普通阀门的功能一样，只不过它能自动地根据控制器送来的信号值改变阀门的开启度。

在自动控制系统的组成中，除了必须具有前述的自动化装置外，还必须具有控制装置所控制的生产设备。在自动控制系统中，将需要控制其工艺参数的生产设备或机器叫作被控对象，简称对象。化工生产中的各种塔器、反应器、换热器、泵和压缩机以及各种容器、贮槽都是常见的被控对象。在复杂的生产设备中，如精馏塔、吸收塔等，在一个设备上可能有好几个控制系统，如精馏塔往往塔顶需要控制温度、压力等，塔底又要控制温度、塔釜液位等。

1.5.2 常见的控制系统

生产过程中常见的控制系统有简单控制和复杂控制，复杂控制分为串级控制、比值控制、均匀控制、选择性控制、分程控制、前馈控制和多冲量控制 7 种。

（1）简单控制

简单控制系统通常是指由一个测量元件（变送器）、一个控制器、一个控制阀和一个对象所构成的单闭环控制系统，如图 1-1～图 1-3 所示。

图 1-1 简单控制系统

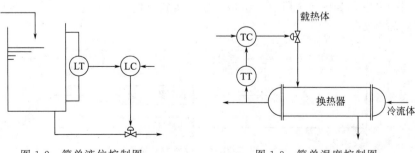

图 1-2 简单液位控制图 　　　　图 1-3 简单温度控制图

（2）串级控制

当对象的滞后较大，干扰比较剧烈、频繁时，可考虑采用串级控制系统，如图 1-4 所示。

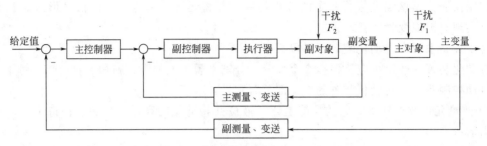

图 1-4　串级控制系统典型方块图

举例，如图 1-5 所示。

通过此串级控制系统，能够在塔釜温度稳定不变时，保持蒸汽流量恒定值，而当温度在外来干扰作用下偏离给定值时，又要求蒸汽流量能做相应的变化，使能量的需要与供给之间得到平衡，从而保持釜温在要求的数值上。

（3）比值控制

实现两个或两个以上参数符合一定比例关系的控制系统，称为比值控制系统，通常称为流量比值控制系统。

① 开环比值控制系统：结构简单，只需一台纯比例控制器，其比例度可以根据比值要求来设定，如图 1-6 所示。

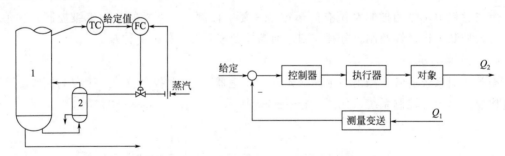

图 1-5　精馏塔塔釜温度串级控制
1—精馏塔；2—再沸器

图 1-6　开环比值控制系统

② 单闭环比值控制系统：能实现副流量随主流量的变化而变化，还可以克服副流量本身干扰对比值的影响，如图 1-7 所示。结构简单，实施方便，尤其适用于主物料在工艺上不允许进行控制的场合。

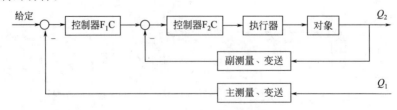

图 1-7　单闭环比值控制系统

③ 双闭环比值控制系统：实现了比较精确的流量比值，也确保了两物料总量基本不变。结构较复杂，使用的仪表较多，投资较大，系统调整较麻烦，如图 1-8 所示。主要适用于主流量干扰频繁、工艺上不允许负荷有较大波动或工艺上经常需要提降负荷的场合。

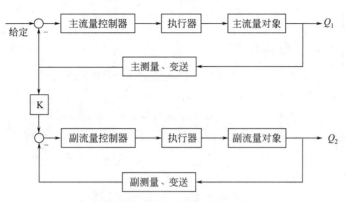

图 1-8　双闭环比值控制系统

④ 变比值控制系统：要求两种物料的比值能灵活地随第三变量的需要而加以调整，这样就出现一种变比值控制系统，如图 1-9 所示。

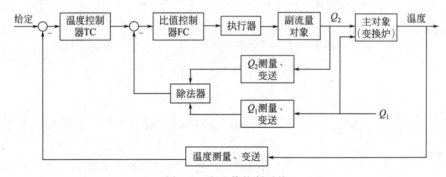

图 1-9　变比值控制系统

（4）均匀控制

为了解决前后工序供求矛盾，达到前后兼顾协调操作，使液位和流量均匀变化，组成的系统称为均匀控制系统。

① 简单均匀控制：为了协调液位与排出流量之间的关系，允许它们都在各自许可的范围内缓慢变化，如图 1-10 所示。

② 串级均匀控制：可在简单均匀控制的基础上增加一个流量副回路，即构成串级均匀控制，如图 1-11 所示。

（5）前馈控制

前馈控制是基于不变性原理工作的，比反馈控制及时、有效，前馈控制是根据干扰的变化产生控制作用的，其依据是干扰的变化，检测的信号是干扰量的大小，控制作用的发生时间是在干扰作用的瞬间而不需等到偏差出现之后。

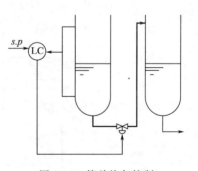

图 1-10　简单均匀控制

① 单纯的前馈控制：根据干扰补偿的特点，可分为静态前馈控制和动态前馈控制，如

图 1-12 所示。

② 前馈-反馈控制：将它们组合起来，取长补短，使前馈控制用来克服主要干扰，反馈控制用来克服其他的多种干扰，两者协同工作，能提高控制质量，如图 1-13、图 1-14 所示。

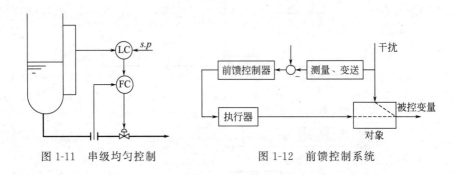

图 1-11　串级均匀控制　　　　　　　图 1-12　前馈控制系统

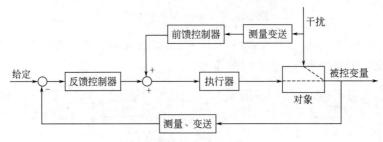

图 1-13　前馈-反馈控制系统

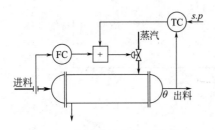

图 1-14　换热器的前馈-反馈控制

（6）选择性控制

选择性控制的实现需要靠具有选择功能的自动选择器（高值选择器或低值选择器）或有关的切换装置（切换器、带电接点的控制器或测量仪表）来完成。

① 开关型选择性控制系统，如图 1-15 所示。

② 连续型选择性控制系统：当取代作用发生后，控制阀不是立即全开或全关，而是在阀门原来的开度基础上继续进行连续控制，如图 1-16 所示。

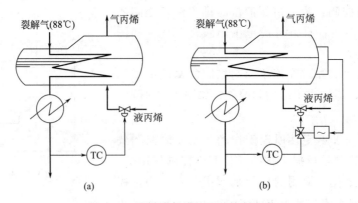

图 1-15　丙烯冷却器的两种控制方案

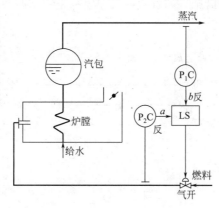

图 1-16 辅助锅炉压力取代控制系统

③ 混合型选择性控制系统：在这种混合型选择性控制系统中，既包含开关型选择的内容，又包含连续型选择的内容。

（7）分程控制

一台控制器的输出可以同时控制两台甚至两台以上的控制阀。控制器的输出信号被分割成若干个信号范围段，由每一段信号去控制一台控制阀，称为分程控制系统（图 1-17）。

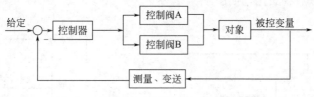

图 1-17　分程控制系统

分程控制有如下应用场合。

① 用于扩大控制阀的可调范围，改善控制品质，如图 1-18 所示。

② 用于控制两种不同的介质，以满足工艺生产的要求。

对间歇式化学反应器，既要考虑反应前的预热问题，又需要考虑反应过程中移走热量的问题，如图 1-19 所示。

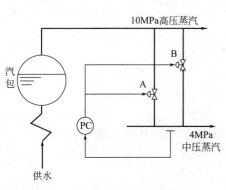

图 1-18　蒸汽减压系统分程控制

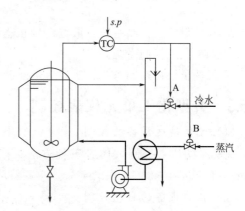

图 1-19　反应器分程控制系统

③ 用作生产安全的防护措施。如解决贮罐中物料量的增减会导致氮封压力变化的问题，如图 1-20 所示。

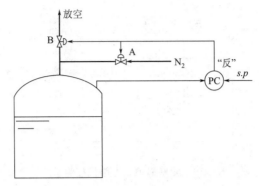

图 1-20　贮罐氮封分程控制方案

（8）多冲量控制

多冲量控制系统指在控制系统中有多个变量信号，经过一定的运算后，共同控制一台执行器，以使某个被控的工艺变量有较高的控制质量。

① 单冲量液位控制系统：根据汽包液位的信号来控制给水量，结构简单、使用仪表少，不能适应蒸汽负荷的剧烈变化，如图 1-21 所示。

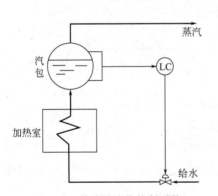

图 1-21　单冲量液位控制系统

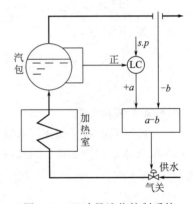

图 1-22　双冲量液位控制系统

② 双冲量液位控制系统：液位信号和蒸汽流量信号（图 1-22），从结构上看，它实际上是一个前馈-反馈控制系统。

③ 三冲量液位控制系统：实质上是前馈-串级控制系统。

1.5.3　典型化工单元仪表控制

（1）流体输送设备的控制

离心泵的流量控制大体有三种方法，控制泵的出口阀门开度、泵的转速和泵的出口旁路。

（2）传热设备的自动控制

两侧均无相变化的换热器控制载热体的流量、控制载热体旁路流量、控制被加热流体自身流量和控制被加热流体自身流量的旁路。

（3）精馏塔的自动控制

精馏塔常见的控制方案有：精馏塔的提馏段温控、精馏段温控，精馏塔的温差控制及双温差控制等。

（4）化学反应器的自动控制

① 釜式反应器的温度控制。反应温度的测量与控制是实现釜式反应器最佳操作的关键问题，包括控制进料温度、改变传热量、串级控制等。

② 固定床反应器的控制。固定床反应器的控制十分重要，包括改变进料浓度、进料温度和段间进入的冷气量等。

第2章
传热综合实验仿真实训

2.1 换热器简介

在化工厂中，传热设备具有极为重要的地位，热交换器（简称换热器）是化工、炼油和食品等工业部门广泛应用的设备，对化工、炼油工业尤为重要。物料的加热、冷却、蒸发、冷凝、蒸馏等都要通过传热设备进行热交换，才能达到要求。例如，化学反应通常都是在一定温度下进行的，为此就需要向反应器输入或移出热量，以使其达到并保持一定的温度；又如在蒸馏操作中，为使塔釜达到一定温度并产生一定量的上升蒸气，就需要向塔釜内的液体输入一定的热量，同时为了使塔顶上升蒸气冷凝以得到液体产品，就需要从塔顶冷凝器中移出一定的热量；再如在蒸发、干燥等单元操作中，也都要向相应的设备输入或移出热量；此外，化工设备的保温，生产过程中热能的合理应用以及废热的回收等都涉及传热问题。通常在化工厂的建设中，热交换器费用约占总投资的 $10\%\sim20\%$，合理地选用和使用热交换器，可节省投资，降低能耗。

2.1.1 换热器分类

换热器是应用最广泛的设备之一，大部分换热器已经标准化、系列化。适用于不同介质、不同工况、不同温度、不同压力的换热器，结构型式也不同。换热器的具体分类如下：

（1）按传热原理分类

① 间壁式换热器 间壁式换热器的原理是温度不同的两种流体在被壁面分开的空间里流动，通过壁面的导热和流体在壁表面对流，两种流体之间进行换热。间壁式换热器有管壳式、套管式和其他型式的换热器。间壁式换热器是目前应用最为广泛的换热器。

② 蓄热式换热器 蓄热式换热器通过固体物质构成的蓄热体，把热量从高温流体传递给低温流体，热介质先通过加热固体物质达到一定温度后，冷介质再通过固体物质被加热，使之达到热量传递的目的。蓄热式换热器有旋转式、阀门切换式等。

③ 流体连接间接式换热器 流体连接间接式换热器，是把两个表面式换热器由在其中循环的热载体连接起来的换热器，热载体在高温流体换热器和低温流体换热器之间循环，在高温流体换热器接受热量，在低温流体换热器把热量释放给低温流体。

④ 直接接触式换热器 又称为混合式换热器，这种换热器是两种流体直接接触，彼此混合进行换热的设备，例如，冷水塔、气体冷凝器等。

⑤ 复式换热器 兼有汽水面式间接换热及汽水直接混合换热两种换热方式的设备。同汽水面式间接换热相比，具有更高的换热效率；同汽水直接混合换热相比，具有较高的稳定性及较低的机组噪声。

（2）按用途分类

① 加热器　把流体加热到必要的温度，但加热流体没有发生相的变化。

② 预热器　预先加热流体，为工序操作提供标准的工艺参数。

③ 过热器　用于把流体（工艺气或蒸汽）加热到过热状态。

④ 蒸发器　用于加热流体，达到沸点以上温度，使流体蒸发，一般有相的变化。

（3）按结构分类

可分为：浮头式换热器、固定管板式换热器、U形管式换热器、板式换热器等。

2.1.2　换热器结构

换热器作为工艺过程必不可少的单元设备，广泛地应用于石油、化工、动力、轻工、机械、冶金、交通、制药等工程领域中。在化工生产中经常遇到两流体间的换热问题。针对本实训内容，主要对间壁式换热器中的套管式换热器、列管式换热器和螺旋板式换热器予以简单介绍。

2.1.2.1　套管式换热器

套管式换热器是由两种大小不同的标准管组成的同轴套管，其内管用 U 形肘管顺次连接，外管与外管互相连接，其构造如图 2-1 所示。

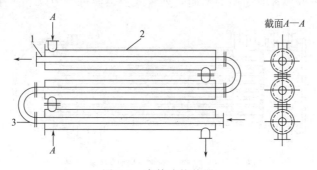

图 2-1　套管式换热器

1—内管；2—外管；3—U 形肘管

进行热交换时，冷、热两种流体一般呈逆流流动，一种流体在内管，另一种流体在两管之间的环隙中。只要适当选择两种管的直径，内管中和环隙间的流体都能达到湍流状态，因此套管式换热器一般具有较高的总传热系数。除此之外，套管式换热器的优点是：结构简单；能耐高压；传热面积可根据需要增减；适当地选择内、外管的直径，可使流体的流速增大，且两种流体呈逆流流动，有利于传热。其缺点是：单位传热面积的金属耗量很大，不够紧凑；管子接头多，检修清洗不方便。此类换热器适用于高温、高压及小流量流体间的换热。

2.1.2.2　列管式换热器

列管式（又称管壳式）换热器主要由壳体、管束、管板、折流板和封头等组成，如图 2-2 所示。管束装于壳体内，且其两端固定在管板上；管板外是封头，供管程流体的进入和流出，保证流体流入管内时均匀分配。一种流体在管内流动，其行程称为管程，另一种流体在管外流动，其行程称为壳程。

管程流体每通过管束一次称为一个管程。当换热器管子数目较多时，为提高管程的流体

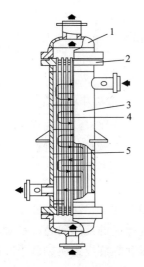

图 2-2　列管式换热器

1—封头；2—管板；3—壳体；

4—折流板；5—管束

流速，需要采用多管程，为此在两端封头内安装隔板，使管子分成若干组，流体依次通过每组管子，往返多次。管程数增多有利于提高对流传热系数，但流体的机械能损失增大，而且传热温度差也减小，故管程数不宜过多，以 2、4、6 程较为常见。流体每通过壳体一次称为一个壳程。图 2-3 为单壳程、双管程（1-2 型）列管式换热器。多壳程结构可以通过在壳程加隔板实现。

通常在壳程内安装一定数目的，与管束相互垂直的折流板。折流板迫使流体在换热管外按规定路径多次错流通过管束，湍动程度大为增加，从而大大提高对流传热系数。常用的折流板有圆缺形和圆形盘两种，见图 2-4。

换热器因管内外冷热流体温度不同，壳体和管束受热程度不同，故它们的膨胀程度也就不同，这种差异会在换热器内部造成热应力。当两流体温差较大（50℃以上）时，所产生的热应力会使管子扭弯，或从管板上脱落，甚至毁坏换热器。因此，必须在换热器结构设计上采取消除或减少热应力的措施，即热补偿。根据所采取热补偿措施的不同，列管式换热器可分为以下几种型式。

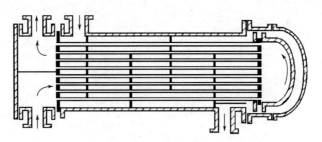

图 2-3　单壳程、双管程列管式换热器

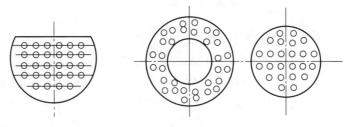

图 2-4　折流板的形式

（1）带补偿圈的列管式换热器

图 2-5 给出了一个单壳程、四管程（1-4 型）带补偿圈的列管式换热器，其中 2 为补偿圈，也称膨胀节。该换热器管板与壳体固定连接，依靠补偿圈的弹性变形来消除部分热应力，结构简单，成本低，但壳程检修和清洗困难。

（2）浮头式换热器

如图 2-6 所示，其结构特点是两端管板之一不与壳体固定连接，可在壳体内沿轴向自由伸缩，该端称为浮头。浮头式换热器的优点是当换热管与壳体有温差存在、壳体或换热管膨

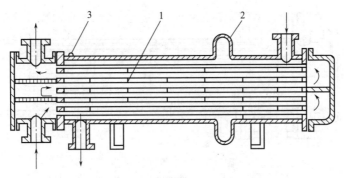

图 2-5　带补偿圈的列管式换热器

1—折流板；2—补偿圈；3—放气阀

胀时，互不约束，不会产生温差应力；管束可从壳体内抽出，便于管内和管间的清洗。其缺点是结构较复杂，用材量大，造价高；浮头盖与浮动管板之间若密封不严，发生内漏，造成两种介质的混合。浮头式换热器适用于壳体和管束壁温差较大或壳程介质易结垢的场合。

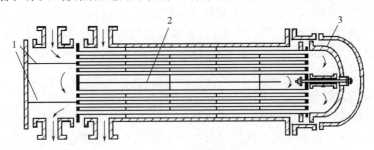

图 2-6　浮头式换热器

1—管程隔板；2—壳程隔板；3—浮头

（3）U 形管式换热器

U 形管式换热器的结构如图 2-7 所示。其结构特点是只有一个管板，换热管为 U 形，管子两端固定在同一管板上。管束可以自由伸缩，当壳体与 U 形换热管有温差时，不会产生温差应力。U 形管式换热器的优点是结构简单，只有一个管板，密封面少，运行可靠，造价低；管束可以抽出，管间清洗方便。其缺点是管内清洗比较困难；由于管子需要有一定的弯曲半径，故管板的利用率较低；管束最内层管间距大，壳程易短路；内层管子坏了不能更换，因而报废率较高。U 形管式换热器适用于管、壳壁温差较大或壳程介质易结垢，而管程介质清洁不易结垢以及高温、高压、腐蚀性强的场合。一般高温、高压、腐蚀性强的介质走管内，可使高压空间减小，密封易解决，并可节约材料和减少热损失。

总的来说，列管式换热器结构较为紧凑，传热系数较高，操作弹性较大，可用多种材料制造，适用性较强，在工业换热器中居于主导地位。

2.1.2.3　螺旋板式换热器

螺旋板式换热器如图 2-8 所示，它是由两张间隔一定的平行薄金属板卷制而成的。两张薄金属板形成两个同心的螺旋通道，两板之间焊有定距柱以维持通道间距，在螺旋板两侧焊有盖板。冷、热流体分别通过两条通道，通过薄板进行换热。

常用的螺旋板式换热器，根据流动方式不同，分为四种：

① Ⅰ 型螺旋板式换热器　两个螺旋通道的两侧完全焊接密封，为不可拆结构，如图 2-8

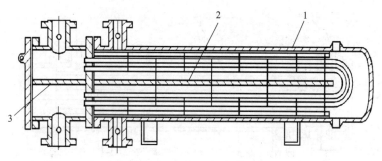

图 2-7　U 形管式换热器

1—U 形管束；2—壳程隔板；3—管程隔板

（a）所示。换热器中，两流体均作螺旋流动，通常冷流体由外周流向中心，热流体由中心流向外周，呈完全逆流流动。此类换热器主要用于液体与液体间的传热。

② Ⅱ型螺旋板式换热器　一个螺旋通道的两侧为焊接密封，另一通道的两侧是敞开的，如图 2-8（b）所示。换热器中，一流体沿螺旋通道流动，而另一流体沿换热器的轴向流动。此类换热器适用于两流体流量差别很大的场合，常用作冷凝器、气体冷却器等。

③ Ⅲ型螺旋板式换热器　Ⅲ型螺旋板式换热器的结构如图 2-8（c）所示。换热器中，一种流体做螺旋流动，另一流体做兼有轴向和螺旋向两者组合的流动。该结构适用于气体冷凝。

④ G 型螺旋板式换热器　G 型螺旋板式换热器的结构如图 2-8（d）所示。该结构又称塔上型，常被安装在塔顶作为冷凝器，采用立式安装，下部有法兰与塔顶法兰相连接。气体由下部进入中心管上升至顶盖折回，然后沿轴向从上至下流过螺旋通道被冷凝。

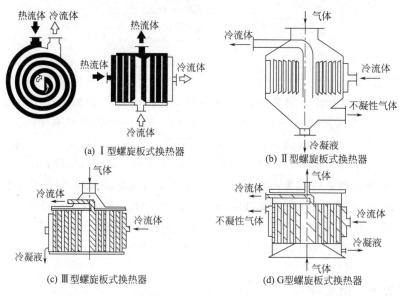

(a) Ⅰ型螺旋板式换热器

(b) Ⅱ型螺旋板式换热器

(c) Ⅲ型螺旋板式换热器

(d) G 型螺旋板式换热器

图 2-8　螺旋板式换热器

螺旋板式换热器的优点是螺旋通道中的流体由于惯性离心力的作用和定距柱的干扰，在较低雷诺数下即达到湍流，并且允许选用较高的流速，故传热系数大；由于流速较高，又有惯性离心力的作用，流体中悬浮物不易沉积下来，故螺旋板式换热器不易结垢和堵塞；由于流体的流程长和两流体可进行完全逆流，故可在较小的温差下操作，能充分利用低温热源；

结构紧凑，单位体积的传热面积约为管壳式换热器的 3 倍。其缺点是：操作温度和压力不宜太高，目前最高操作压力为 2MPa，温度在 400℃以下；因整个换热器为卷制而成，一旦发现泄漏，维修很困难。

2.1.3　换热器工作原理

工业上普遍存在的间壁式换热正是由壁内热传导以及流体与壁面之间的对流传热构成的一个综合过程，后续主要讨论与此过程有关的计算。

考虑冷、热两种流体以一定的流量流过间壁式换热器，进行通过壁面的热交换过程。设热、冷流体的进、出口温度分别为 T_1、T_2、t_1、t_2；热、冷流体的质量流量分别为 q_{m1}、q_{m2}；热、冷流体的平均比热容分别为 c_{p1}、c_{p2}。若换热器绝热良好，热损失可以忽略，则在换热器中单位时间内热流体放出的热量等于冷流体吸收的热量。按照此原则可针对如下三种情况建立热量平衡方程。

① 若换热器中冷、热流体均无相变化，则：

$$Q=q_{m1}c_{p1}(T_1-T_2)=q_{m2}c_{p2}(t_2-t_1) \tag{2-1}$$

② 若换热器中进行的是饱和蒸气冷凝，将冷流体加热，且蒸气冷凝为同温度下的饱和液体后排出，则：

$$Q=q_{m1}r=q_{m2}c_{p2}(t_2-t_1) \tag{2-2}$$

式中　r——蒸气冷凝相变焓，kJ/kg。

③ 若在第②种过程中蒸气冷凝液继续被冷却，以过冷液体的状态排出，则：

$$Q=q_{m1}[r+c_{p1}(T_s-T_2)]=q_{m2}c_{p2}(t_2-t_1) \tag{2-3}$$

式中　T_s——饱和液体或饱和蒸气的温度。

2.2　实验仿真实训

2.2.1　实验目的

① 通过对简单套管式换热器的实验研究，掌握对流传热系数 α_i 的测定方法，加深对其概念和影响因素的理解。并应用线性回归分析方法，确定关联式 $Nu=ARe^m Pr^{0.4}$ 中常数 A、m 的值。其中 Nu 为努塞特数。

② 通过对管程内部插有螺旋线圈的强化套管式换热器的实验研究，测定其准数关联式 $Nu=BRe^m$ 中常数 B、m 的值和强化比 Nu/Nu_0，了解强化传热的基本理论和基本方式。Nu_0 为强化管的努塞特数。

③ 根据计算出的 Nu、Nu_0 求出强化比 Nu/Nu_0，比较强化传热的效果，加深理解强化传热的基本理论和基本方式。

④ 通过变换列管式换热器换热面积实验测取数据计算总传热系数 K，加深对其概念和影响因素的理解。

⑤ 认识套管式换热器（光滑、强化）、列管式换热器的结构及操作方法，测定并比较不同换热器的性能。

2.2.2　实验内容

选择不同的实验操作条件，分别测定普通套管式换热器、强化套管式换热器、列管式换热器、螺旋板式换热器的对流传热系数 α_i。

2.2.3 实验基本原理

传热是指由于温度差引起的能量转移，又称热传递。由热力学第二定律可知，凡是有温度差存在时，热量就必然发生从高温处传递到低温处，因此传热是自然界和工程技术领域中极普遍的一种传递现象。

总传热系数 K 是评价换热器性能的一个重要参数，也是对换热器进行传热计算的依据。对于已有的换热器，可以通过测定有关数据，如设备尺寸、流体的流量和温度等，然后由传热速率方程式（2-4）计算 K 值。传热速率方程式是换热器传热计算的基本关系。在该方程式中，冷、热流体的温度差 ΔT_m 是传热过程的推动力，它随传热过程冷热流体的温度变化而改变。

传热速率方程式：

$$Q = KS\Delta T_m \tag{2-4}$$

所以对于总传热系数：

$$K = c_p W(T_2 - T_1)/(S\Delta T_m) \tag{2-5}$$

式中　Q——热量，W；

$\quad\quad S$——传热面积，m^2；

$\quad\Delta T_m$——冷热流体的平均温差，℃；

$\quad\quad K$——总传热系数，$W/(m^2 \cdot ℃)$；

$\quad\quad c_p$——比热容，$J/(kg \cdot ℃)$；

$\quad\quad W$——空气质量流量，kg/s；

$T_2 - T_1$——空气进出口温差，℃。

2.2.4 实验方法及步骤

① 实验准备：检查实验装置处在开车前的准备状态。

② 换热器实验：

a. 打开总电源开关。

b. 打开普通套管热空气进口阀和普通套管冷空气进口阀。

c. 打开冷热空气旁路调节阀（开到最大），启动风机。

d. 利用空气旁路调节阀来调节空气的流量，并在一定的流量下稳定 3～5min（仿真为数值不再变化）后，分别测量记录空气的流量，空气进、出口的温度和管壁温度。

e. 改变不同流量测取 5 组数据。

f. 强化管实验：打开强化管热空气进口阀和强化管冷空气进口阀，用上述同样方法测取 5 组数据。

g. 列管实验：打开列管热空气进口阀和列管冷空气进口阀，用上述同样方法测取 5 组数据。

h. 螺旋板实验：打开螺旋板热空气进口阀和螺旋板冷空气进口阀，用上述同样方法测取 5 组数据。

i. 同样的方法适用于换热介质为冷水-热水、有机液体-废热蒸汽时，换热器的操作。

j. 实验结束后，依次关闭加热开关、风机和总电源。

2.2.5 数据处理

传热速率方程式：$Q = KS\Delta T_m$

又根据热量衡算式：$Q = c_p W(T_2 - T_1)$

换热器的面积：$S_i = \pi d_i L_i$

由于压差是由孔板流量计测量的，所以：

$$W_m = \frac{V_m \rho_m}{3600}$$

$$V_{t1} = c_0 A_0 \sqrt{\frac{2\Delta p}{\rho_{t1}}}$$

由于换热器内温度的变化，传热管内的体积流量需进行校正：

$$V_m = V_{t1} \times \frac{273 + t_m}{273 + t_2}$$

式中　d_i——内管管内径，m；

　　　L_i——传热管测量段的实际长度，m；

　　　W_m——传热管内平均质量流量，kg/h；

　　　ρ_m——进出口平均温度下的密度，kg/m³；

　　　V_{t1}——空气入口体积流量，m³/h；

　　　c_0——孔板流量计孔流系数，$c_0 = 0.65$；

　　　A_0——孔的面积，m²；

　　　Δp——孔板两端压差，kPa；

　　　ρ_{t1}——空气入口温度（即流量计处温度）下密度，kg/m³。

　　　V_m——传热管内平均体积流量，m³/h；

　　　t_m——传热管内平均温度，℃；

　　　t_2——空气出口温度，℃。

将实验数据记录至表 2-1～表 2-4 中。

表 2-1　普通套管式换热器实验数据记录及整理表

物理量	数据				
流量计 I 压差 ΔP/kPa					
冷物流进口温度 t_1/℃					
平均密度 ρ_{t1}/(kg/m³)					
冷物流出口温度 t_2/℃					
壁面温度 t_w/℃					
空气定性温度 t_m/℃					
平均密度 ρ_{tm}/(kg/m³)					
平均导热系数 $\lambda_{tm} \times 100$/[W/(m·K)]					
平均比热 c_p/[J/(kg·K)]					

物理量	数据				
平均黏度 $\mu_{tm} \times 100000/\text{Pa}\cdot\text{s}$					
冷物流温度差 $\Delta t/℃$					
冷热物流间平均温度差 $\Delta t_m/℃$					
体积流量 $V_{t1}/(\text{m}^3/\text{h})$					
平均体积流量 $V_m/(\text{m}^3/\text{h})$					
平均流速 $u/(\text{m/s})$					
传热速率 Q/W					
对流传热系数 $\alpha/[\text{W}/(\text{m}^2\cdot℃)]$					
雷诺数 Re					
传热准数					
Pr					
$Nu/Pr^{0.4}$					

表 2-2　列管式换热器实验数据记录及整理表

物理量	数据			
流量计Ⅰ压差 $\Delta P/\text{kPa}$				
冷物流进口温度 $T_{c1}/℃$				
冷物流出口温度 $T_{c2}/℃$				
热物流进口温度 $T_{h1}/℃$				
热物流出口温度 $T_{h2}/℃$				
平均密度 $\rho_{tc1}/(\text{kg/m}^3)$				
空气定性温度 $t_m/℃$				
平均密度 $\rho_{tm}/(\text{kg/m}^3)$				
平均比热 $c_p/[\text{J}/(\text{kg}\cdot\text{K})]$				
冷热物流间平均温度差 $\Delta t_m/℃$				
体积流量 $V_{t1}/(\text{m}^3/\text{h})$				
平均体积流量 $V_m/(\text{m}^3/\text{h})$				
换热面积 S/m^2				
传热速率 Q/W				
传热系数 $/[\text{W}/(\text{m}^2\cdot℃)]$				

表 2-3　强化套管式换热器实验数据记录及整理表

物理量	数据				
流量计Ⅰ压差 $\Delta P/\text{kPa}$					
冷物流进口温度 $t_1/℃$					
平均密度 $\rho_{t1}/(\text{kg/m}^3)$					

物理量	数据						
冷物流出口温度 t_2/℃							
壁面温度 t_w/℃							
空气定性温度 t_m/℃							
平均密度 ρ_{tm}/(kg/m^3)							
平均导热系数 $\lambda_{tm} \times 100$/[W/(m·K)]							
平均比热 c_p/[J/(kg·K)]							
平均黏度 $\mu_{tm} \times 100000$/(Pa·s)							
冷物流温度差 Δt/℃							
冷热物流间平均温度差 Δt_m/℃							
体积流量 V_{t1}/(m^3/h)							
平均体积流量 V_m/(m^3/h)							
平均流速 u/(m/s)							
传热速率 Q/W							
对流传热系数 α/[W/(m^2·℃)]							
雷诺数 Re							
传热准数							
Pr							
$Nu_0/Pr^{0.4}$							

表 2-4　螺旋板式换热器实验数据记录及整理表

物理量	数据						
流量计Ⅰ压差 ΔP/kPa							
冷物流进口温度 T_{c1}/℃							
冷物流出口温度 T_{c2}/℃							
热物流进口温度 T_{h1}/℃							
热物流出口温度 T_{h2}/℃							
平均密度 ρ_{tc1}/(kg/m^3)							
空气定性温度 t_m/℃							
平均密度 ρ_{tm}/(kg/m^3)							
平均比热 c_p/[J/(kg·K)]							
冷热物流间平均温度差 Δt_m/℃							
体积流量 V_{t1}/(m^3/h)							
平均体积流量 V_m/(m^3/h)							
传热速率 Q/W							
传热系数/[W/(m^2·℃)]							

以普通套管式换热器数据计算为例：选择管长为 0.9m，管径为 20mm，换热介质为冷空气-热空气。压差为 0.77kPa，空气进口温度 25℃，空气出口温度 34.82℃，壁面温度 100℃。

换热器内换热面积：$S_i = \pi d_i L_i$

知 $d_i = 0.02$m，$L_i = 0.9$m，故有：

$$S_i = 3.14 \times 0.02 \times 0.9 = 0.05652 \ (\text{m}^2)$$

体积流量：$V_{t1} = c_0 A_0 \sqrt{\dfrac{2\Delta p}{\rho_{t1}}}$

$$V_{t1} = 0.65 \times 3600 \times 3.14 \times 0.0165^2 / 4 \times (2 \times 0.77 \times 1000 / 1.185)^{0.5} = 18.03 (\text{m}^3/\text{h})$$

$$t_m = \frac{(t_1 + t_2)}{2} = 29.91℃$$

校正后得：$V_m = V_{t1} \times \dfrac{273 + t_m}{273 + t_2} = 18.03 \times (273 + 29.91)/(273 + 25) = 18.33 \ (\text{m}^3/\text{h})$

查表得密度 $\rho_m = 1.165$kg/m^3，代入公式，得：

$$W_m = \frac{V_m \rho_m}{3600} = 18.32 \times 1.165 / 3600 = 0.0059 \ (\text{kg/s})$$

根据热量衡算式 $Q = c_p W(T_2 - T_1)$，查表得 $c_p = 1005$J/(kg·℃)，故有：

$$Q = 1005 \times 0.0059 \times (34.82 - 25) = 58.23 \ (\text{W})$$

$$\Delta T_m = t_w - t_m = 100 - 29.91 = 70.09℃$$

有传热速率方程式 $Q = KS\Delta T_m$，将以上数值代入，得：

$$K = \frac{Q}{S\Delta T_m} = 58.23/(0.05652 \times 70.09) = 14.70 [\text{W}/(\text{m}^2 \cdot ℃)]$$

流体在管内做强制湍流，被加热状态，准数关联式的形式为：$Nu = ARe^m Pr^n$，其中 $Re = \dfrac{ud\rho}{\mu}$，$Nu = \dfrac{\alpha d}{\lambda}$。

物性数据 λ、c_p、ρ、μ、Pr 可根据定性温度 t_m 查得。

$$u = \frac{W}{\rho_m \pi (d/2)^2} = \frac{0.0059}{1.165 \times 3.14 \times (0.02/2)^2} = 16.13 \ (\text{m/s})$$

$$Re = \frac{ud\rho_m}{\mu} = \frac{16.13 \times 0.02 \times 1.165}{1.86 \times 10^{-5}} = 20206$$

$$Nu = \frac{\alpha d}{\lambda} = \frac{14.79 \times 0.02}{2.67 \times 10^{-2}} = 11.08$$

普朗特数 Pr_i 变化不大，可以认为是常数，则关联式的形式简化为：

$$Nu = ARe^m Pr^{0.4}$$

这样通过实验确定不同流量下的 Re 与 Nu，然后用线性回归方法确定 A 和 m 的值，即点击查看图表中的曲线计算，拟合曲线。

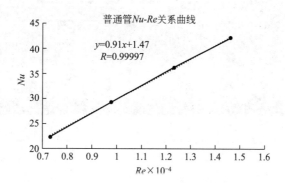

根据图像及双对数坐标下直线方程，对于普通管，有：

$$Nu = 0.034Re^{0.91}$$

思 考 题

（1）强化传热过程有哪些途径？

（2）实验得到的 Nu 与 Re 的关系式与公认的经验式有一定的偏差，分析产生偏差的主要原因有哪些？

（3）实验中冷流体和热蒸汽的流向，对传热效果有何影响？

（4）实验过程中，冷凝水不及时排走，会产生什么影响？如何及时排走冷凝水？

（5）在间壁两侧流体的对流传热系数 α 相差较大时，壁温接近哪测温度？欲提高 K 值，应从哪侧入手？

（6）传热过程中，哪些工程因素可以调动？

（7）逆流换热和并流换热有什么区别？你能用该实验装置加以验证吗？

（8）下列各种方法中，属于削弱传热的方法是（　　）。

    A. 增加流体流度　　　　　　　　B. 设置肋片

    C. 管内插入物增加流体扰动　　　D. 采用导热系数较小的材料使导热热阻增加

（9）下列（　　）不属于间壁式换热器。

    A. 1-2 型管壳式换热器　　　　　　B. 2-4 型管壳式换热器

    C. 套管式换热器　　　　　　　　D. 回转式空气预热器

（10）为了强化换热器的换热效果，应主要降低表面传热系数（　　）的一侧的热阻。

    A. 大　　　　　B. 小　　　　　C. 任何

（11）套管式换热器的换热方式为（　　）。

    A. 混合式　　　B. 间壁式　　　C. 蓄热式　　　　　D. 其他方式

（12）板式换热器是间壁式换热器的一种形式，这种说法是（　　）的。

    A. 正确　　　　　　　　　　　　B. 错误

（13）冷热流体在换热时，并流时的传热温度差总是要比逆流时的传热温度差大，这种说法是（　　）的。

    A. 正确　　　　　　　　　　　　B. 错误

第3章
液-液萃取塔实验仿真实训

3.1 萃取塔简介

通常将高径比较大的萃取装置统称为塔式萃取设备，简称萃取塔。为了获得满意的萃取效果，萃取塔应具有分散装置，以提供两相间良好的接触条件；同时，塔顶、塔底均应有足够的分离空间，以便两相的分层。两相混合和分散所采用的措施不同，萃取塔的结构型式也多种多样。下面介绍几种工业上常用的萃取塔。

3.1.1 萃取塔类型及结构

（1）喷洒塔

喷洒塔又称喷淋塔，是最简单的萃取塔，如图 3-1 所示，轻、重两相分别从塔底和塔顶进入。若以重相为分散相，则重相经塔顶的分布装置分散为液滴后进入轻相，与其逆流接触传质，重相液滴降至塔底分离段处聚合形成重相液层排出；而轻相上升至塔顶并与重相分离后排出〔图 3-1（a）〕。若以轻相为分散相，则轻相经塔底的分布装置分散为液滴后进入连续的重相，与重相进行逆流接触传质，轻相升至塔顶分离段处聚合形成轻液层排出；而重相流至塔底与轻相分离后排出〔图 3-1(b)〕。

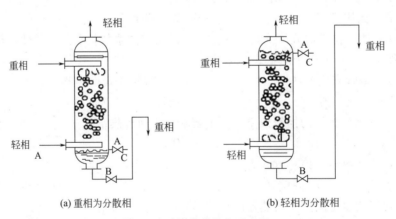

(a) 重相为分散相　　　　　　　(b) 轻相为分散相

图 3-1　喷洒塔的结构示意图

喷洒塔结构简单，塔体内除进出各流股物料的接管和分散装置外，无其他内部构件。缺点是轴向返混严重，传质效率较低，因而适用于仅需一二个理论级的场合，如水洗、中和或处理含有固体的物系。

（2）填料萃取塔

填料萃取塔的结构与精馏和吸收填料塔基本相同。塔内装有适宜的填料，轻、重两相分别由塔底和塔顶进入，由塔顶和塔底排出。萃取时，连续相充满整个填料塔，分散相由分布器分散成液滴进入填料层中的连续相，在与连续相逆流接触中进行传质。

填料萃取塔的优点是结构简单、操作方便、适合于处理腐蚀性料液；缺点是传质效率低，一般用于所需理论级数较少（如3个萃取理论级）的场合。

（3）筛板萃取塔

筛板萃取塔如图3-2所示，塔内装有若干层筛板，筛板的孔径一般为3～9mm，孔距为孔径的3～4倍，板间距为150～600mm。

筛板萃取塔是逐级接触式萃取设备，两相依靠密度差，在重力的作用下，进行分散和逆向流动。若以轻相为分散相，则其通过塔板上的筛孔而被分散成细小的液滴，与塔板上的连续相充分接触进行传质。穿过连续相的轻相液滴逐渐凝聚，并聚集于上层筛板的下侧，待两相分层后，轻相借助压力差的推动，再经筛孔分散，液滴表面得到更新。如此分散、凝聚交替进行，到达塔顶进行澄清、分层、排出。而连续相则横向流过筛板，在筛板上与分散相液滴接触传质后，由降液管流至下一层塔板。若以重相为分散相，则重相穿过板上的筛孔，分散成液滴落入连续相的轻相中进行传质，穿过轻液层的重相液滴逐渐凝聚，并聚集于下层筛板的上侧，轻相则连续地从筛板下侧横向流过，从升液管进入上层塔板，如图3-3所示。

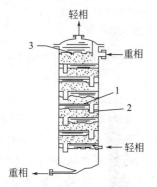

图3-2 筛板萃取塔结构示意图（轻相为分散相）

1—筛板孔；2—降液管；3—相界面

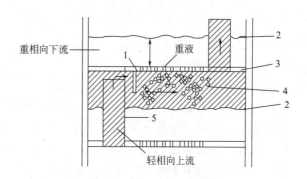

图3-3 筛孔板结构示意图

1—挡板；2—相界面；3—筛孔板；4—重相液滴；5—升液管

筛板萃取塔由于塔板的限制，减小了轴向返混，同时由于分散相的多次分散和聚集，液滴表面不断更新，筛板萃取塔的效率比填料萃取塔有所提高，加之筛板萃取塔结构简单，造价低廉，可处理腐蚀性料液，因而应用较广。

（4）脉冲筛板塔

脉冲筛板塔亦称液体脉动筛板塔，是指在外力作用下，液体在塔内产生脉冲运动的筛板塔，其结构与气-液传质过程中无降液管的筛板塔类似，如图3-4所示。塔两端直径较大部分为上澄清段和下澄清段，中间为两相传质段，其中装有若干层具有小孔的筛板，板间距较小，一般为50mm。在塔的下澄清段装有脉冲管，萃取操作时，由脉冲发生器提供的脉冲使塔内液体做上下往复运动，迫使液体经过筛板上的小孔，使分散相破碎成较小的液滴分散在连续相中，并形成强烈的湍动，从而促进传质过程的进行。脉冲发生器的类型有多种，如活塞型、膜片型、风箱型等。

在脉冲筛板塔内,一般脉冲振幅为 9~50mm,频率为 30~200 次/min。实验研究和生产实践表明,萃取效率受脉冲频率影响较大,受振幅影响较小。一般认为频率较高、振幅较小时萃取效果较好。如脉冲过于激烈,将导致严重的轴向返混,传质效率反而下降。

脉冲筛板塔的优点是结构简单,传质效率高,但其生产能力一般有所下降,在化工生产中的应用受到一定限制。

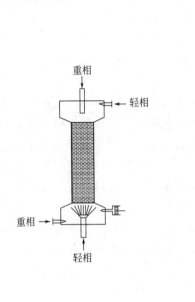

图 3-4　脉冲筛板塔结构示意图

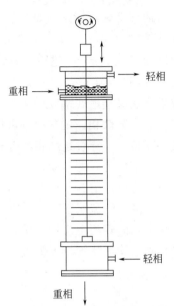

图 3-5　往复筛板萃取塔结构示意图

(5) 往复筛板萃取塔

往复筛板萃取塔的结构如图 3-5 所示,将若干层筛板按一定间距固定在中心轴上,由塔顶的传动机构驱动而做上下往复运动。往复振幅一般为 3~50mm,频率可达 100 次/min。往复筛板的孔径要比脉动筛板的大些,一般为 7~16mm。当筛板向上运动时,迫使筛板上侧的液体经筛孔向下喷射;反之,又迫使筛板下侧的液体向上喷射。为防止液体沿筛板与塔壁间的缝隙走短路,每隔若干块筛板,在塔内壁应设置一块环形挡板。

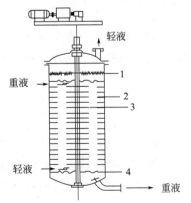

图 3-6　转盘萃取塔的基本结构
1—液-液相界面;2—固定环;
3—转盘;4—栅条

往复筛板萃取塔的效率与塔板的往复频率密切相关。当振幅一定时,在不发生液泛的前提下,效率随频率的增大而提高。

往复筛板萃取塔可较大幅度地增加相际接触面积和提高液体的湍动程度,传质效率高,流体阻力小,操作方便,生产能力大,在石油化工、食品、制药和湿法冶金工业中应用日益广泛。

(6) 转盘萃取塔(RDC 塔)

转盘萃取塔的基本结构如图 3-6 所示,在塔体内壁面上按一定间距装有若干个环形挡板,称为固定环,固定环将塔内分割成若干个小空间。两固定环之间均装一转盘。转盘固定在中心轴上,转轴由塔顶的电机驱动。转盘的直径小于固定环的内径，以便于装卸。萃取操作时，转盘随中心轴高速旋转，其在液体中产生的剪应力将分散相破裂成许多细小的液滴，在液相中产生强烈的涡旋运动，从而增大了相际接触面积和传质系数。同时固定环的存在在一定程度上抑制了轴向返混，因而转盘萃取塔的传质效率较高。

转盘萃取塔结构简单，传质效率高，生产能力大，因而在石油化工中应用比较广泛。

为进一步提高转盘萃取塔的效率，近年来又开发了不对称转盘塔（偏心转盘萃取塔），其基本结构如图3-7所示。带有搅拌叶片的转轴安装在塔体的偏心位置，塔内不对称设置垂直挡板，将其分成混合区3和澄清区4。混合区由横向水平挡板分割成许多小室，每个小室内的转盘起混合搅拌器的作用。澄清区又由环形水平挡板分割成许多小室。

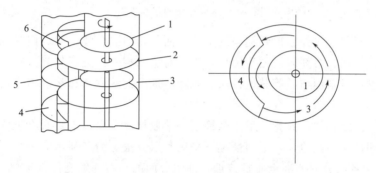

图 3-7　偏心转盘萃取塔的基本结构
1—转盘；2—横向水平挡板；3—混合区；4—澄清区；5—环形分割板；6—垂直挡板

偏心转盘萃取塔既保持原有转盘萃取塔用转盘进行分散的特点，同时分开的澄清区又可使分散相液滴反复进行凝聚分散，减小了轴向混合，从而提高了萃取效率。此外该类型萃取塔的尺寸范围较大，塔高可达30m，塔径可达4m，对物系的性质（密度差、黏度、界面张力等）适应性很强，且适用于含有悬浮固体或易乳化的料液。

3.1.2　萃取塔工作原理

3.1.2.1　萃取操作过程及术语

对于液体混合物的分离，除可采用蒸馏的方法外，还可采用萃取的方法，即在液体混合物（原料液）中加入一个与其基本不混溶的液体作为溶剂，形成第二相，利用原料液中各组分在两个液相中的溶解度不同而使原料液混合物得以分离。液-液萃取，亦称溶剂萃取，简称萃取或抽提。选用的溶剂称为萃取剂，以S表示；原料液中易溶于S的组分，称为溶质，以A表示；难溶于S的组分称为原溶剂（或稀释剂），以B表示。

如果萃取过程中，萃取剂与原料液中的有关组分不发生化学反应，则称之为物理萃取，反之则称之为化学萃取。

萃取操作的基本过程如图3-8所示。将一定量萃取剂加入原料液中，然后加以搅拌使原料液与萃取剂充分混合，溶质通过相界面由原料液向萃取剂中扩散，所以萃取操作与精馏、吸收等过程一样，也属于两相间的传质过程。搅拌停止后，两液相因密度不同而分层：一层以溶剂S为主，并溶有较多的溶质，称为萃取相，以E表示；另一层以原溶剂（稀释剂）B为主，且含有未被萃取完的溶质，称为萃余相，以R表示。若溶剂S和B为部分互溶，则萃取相中还含有少量的B，萃余相中亦含有少量的S。

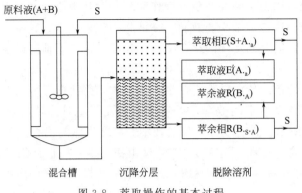

原料液(A+B)　　　　S

萃取相E(S+A·ₐ)　　S

萃取液E(A·ₐ)

萃余液R'(B·A)

萃余相R(B·S·A)　　S

混合槽　　　　沉降分层　　　　脱除溶剂

图 3-8　萃取操作的基本过程

由上可知，萃取操作并未得到纯净的组分，而是新的混合液：萃取相 E 和萃余相 R。为了得到产品 A，并回收溶剂以供循环使用，尚需对这两相分别进行分离。通常采用蒸馏或蒸发的方法，有时也可采用结晶等其他方法。脱除溶剂后的萃取相和萃余相分别称为萃取液和萃余液，以 E′ 和 R′ 表示。

对于一种液体混合物，究竟是采用蒸馏还是萃取加以分离，主要取决于技术上的可行性和经济上的合理性。一般地，在下列情况下采用萃取方法更为有利：

① 原料液中各组分间的沸点非常接近，即组分间的相对挥发度接近于 1，若采用蒸馏方法很不经济；

② 料液在蒸馏时形成恒沸物，用普通蒸馏方法不能达到所需的纯度；

③ 原料液中需分离的组分含量很低且为难挥发组分，若采用蒸馏方法须将大量稀释剂汽化，能耗较大；

④ 原料液中需分离的组分是热敏性物质，蒸馏时易于分解、聚合或发生其他变化。

3.1.2.2　萃取剂的选择

选择合适的萃取剂是保证萃取操作能够正常进行且经济合理的关键。萃取剂的选择主要考虑以下因素。

萃取剂的选择性是指萃取剂 S 对原料液中两个组分溶解能力的差异。若 S 对溶质 A 的溶解能力比对原溶剂 B 的溶解能力大得多，即萃取相中 y_A 比 y_B 大得多，萃余相中 x_B 比 x_A 大得多，那么这种萃取剂的选择性就好。

分配系数：一定温度下，某组分在互相平衡的 E 相与 R 相中的组成之比称为该组分的分配系数，以 k 表示。

萃取剂的选择性可用选择性系数 β 表示，其定义式为：

$$\beta = \frac{k_A}{k_B} \tag{3-1}$$

由 β 的定义可知，选择性系数 β 为组分 A、B 的分配系数之比，其物理意义颇似蒸馏中的相对挥发度。若 $\beta>1$，说明组分 A 在萃取相中的相对含量比萃余相中的高，即组分 A、B 得到了一定程度的分离，显然 k_A 值越大，k_B 值越小，选择性系数 β 就越大，组分 A、B 的分离也就越容易，相应萃取剂的选择性也就越高；若 $\beta=1$，则由式(3-1)可知，$k_A=k_B$，即萃取相和萃余相在脱除溶剂 S 后将具有相同的组成，并且等于原料液的组成，说明 A、B 两组分不能用此萃取剂分离，换言之所选择的萃取剂是不适宜的。

萃取剂的选择性越高，则完成一定的分离任务所需的萃取剂用量也就越少，相应的用于回收溶剂操作的能耗也就越低。

3.2 实验仿真实训

3.2.1 实验目的

① 了解液-液萃取设备的一般结构和特点。
② 掌握液-液萃取塔的操作方法。
③ 学习和掌握液-液萃取塔传质单元高度的测定原理和方法，分析外加能量对液-液萃取塔的传质单元高度及通量的影响。

3.2.2 实验内容

以水为萃取剂，萃取煤油中的苯甲酸，选用相比（萃取剂与原料液质量之比）为 1∶1。
① 以煤油为分散相，水为连续相，进行萃取过程的操作。
② 测定往复振动筛板塔在不同振动频率下的传质单元高度。
③ 在最佳效率下，测定装置的最大通量或液泛速率。

3.2.3 实验原理

3.2.3.1 液-液萃取过程和设备的特点

液-液传质过程和气-液传质过程均属于相际传质过程，这两类传质过程既有相似之处，又有明显差别。在液-液系统中两相间的密度差较小，界面张力也不大，所以从过程进行的流体力学条件看，在液-液接触过程中，能用于强化过程的惯性力不大，同时，已分散的两相的分层分离能力也不高。因此，对于气-液相分离效率较高的设备，用于液-液传质就显得效率不高。为了提高液-液传质设备的效率，常常需要用搅拌、脉动、震动等措施来补加能力。为使两相分离，需要分层段，以保证有足够的停留时间，让分散的液相凝聚。

3.2.3.2 液-液萃取塔的操作

（1）分散相的选择

在萃取过程中，为了使两相密切接触，其中一相充满设备中的主要空间，并呈连续流动，称为连续相；另一相以液滴的形式，分散在连续相中，称为分散相。确定哪一相作为分散相，这对设备的操作性能和传质效率会有显著影响。分散相的选择可通过实验室实验或工业中试确定，也可以根据以下原则考虑。

为了增加相际接触面积，一般可将流量大的一相作为分散相，但如果两相的流量相差很大，且选用的设备具有较大的轴向返混现象，则应将流量较小的一相作为分散相，以减小轴向返混。

应充分考虑界面张力变化对传质面积的影响。对于正系统，系统的界面张力随溶质浓度增加，即当溶质从液滴向连续相传递时，液滴的稳定性较差，容易破碎，而液膜的稳定性较好，液滴不易合并，所以形成的液滴平均直径较小，相际传质面积较大；当选择正确溶质作为分散相的液体，可在同样条件下获得较大的相际传质面积，从而强化过程的传质。

对于某些萃取设备，如填料塔和筛板塔等，连续相优先润湿填料或筛板是相当重要的。

此时，宜将不易润湿填料或筛板的一相作为分散相。

分散相液滴在连续相中的沉降速度，与连续相的黏度有很大关系。为了减小塔径，提高二相分离的效果，应将黏度大的一相作为分散相。

此外，从成本、安全考虑，应将成本高的，易燃、易爆物料作为分散相。

（2）液滴的分散

液滴的尺寸大小，不仅关系到相际传质面积，而且影响传质系数和萃取塔的通量。在将分散相液体分散为液滴时，必须要充分考虑这两方面的因素。萃取塔内的相际传质面积取决于塔内分散相的滞留量和液滴尺寸两个因素，它们之间有如下关系：

$$a = \frac{6\varphi_D}{d_p} \tag{3-2}$$

式中　a——萃取塔内单位体积液体所具有的相际传质面积，m^2/m^3；

　　　φ_D——分散相的滞液率；

　　　d_p——液滴平均直径，m。

可见，相际接触面积与液滴直径成反比，液滴尺寸越小，相际接触面积越大，传质效率高。

根据双膜理论，萃取过程的传质系数可表示为：

$$K_G = \frac{1}{\dfrac{1}{k_c} + \dfrac{k_A}{k_D}} \tag{3-3}$$

式中　k_c——滴外传质分系数；

　　　k_A——溶质的相分配系数；

　　　k_D——滴内传质分系数。

通常，由于两相的密度差小，两相的相对运动速度也就较小，因而液滴的滴外和滴内传质系数也不大。在萃取塔内，由于液滴与连续相液体的相对运动，界面上的摩擦力（曳力）会诱导液滴内产生环流，而滴内环流的存在能显著地提高滴内传质分系数。

此外，由于连续相的湍动，液滴表面张力和溶质浓度发生不规则的变化，当运动方向相反的流体质点在液滴表面上碰撞时，会引发界面骚动现象，这种现象能增强两相在液滴表面附近的湍动程度，减小传质阻力，提高滴外传质分系数。一般情况下，液滴内的环流和界面骚动现象都与液滴直径有密切关系。较小的液滴，固然相际接触面积较大，有利于传质；但当液滴尺寸过小时，其滴内循环小时，液滴的行为趋于固体球，从而使传质系数下降，对传质不利。另外，萃取塔内所允许的连续相极限速度（即液泛速度）与液滴的运动速度有关，而液滴的运动速度又与液滴的尺寸有关。一般地，较大的液滴，塔的泛点速度也较高，萃取塔允许有较大的通量；相反，液滴较小，塔的泛点速度较低，萃取塔允许的通量也较小。

液滴的分散可以通过以下几个途径实现：借助喷嘴或孔板，如喷洒塔和筛孔塔；借助塔内的填料，如填料塔；借助外加能量，如转盘塔、振动塔、脉动塔、离心萃取器等。液滴的尺寸除与物性有关外，主要决定于外加能量的大小。

（3）外加能量

液-液传质设备引入外界能量促进液体分散。改善两相流动条件，这些均有利于传质，从而提高萃取效率，降低萃取过程的传质单元高度，但应该注意，过度的外加能量将大大增加设备内的轴向混合，减小过程的推动力。此外过度分散的液滴，滴内循环将消失。这些均是外加能量带来的不利因素。权衡两方面的因素，外加能量应适度，对于某一具体萃取过程，一般应通过实验寻找合适的能量输入量。

工业上常用萃取设备的分类情况见表3-1。

表 3-1　萃取设备分类

液体分散的动力		逐级接触式	微分接触式
重力差外加能量		筛板塔	喷洒塔 填料塔
外加能量	脉冲	脉冲混合-澄清器	脉冲填料塔 液体脉冲筛板塔
	旋转搅拌	混合澄清器、夏贝尔(Scheibel)塔	转盘塔(RDC) 偏心转盘塔(ARDC) 库尼塔
	往复搅拌		往复筛板塔
	离心力	卢威离心萃取机	POD 离心萃取机

目前，工业上使用的萃取设备种类很多，在此仅介绍一些典型设备。

（4）萃取塔的液泛

在连续逆流萃取操作中，萃取塔的通量（即单位时间内的通过量）取决于连续相的流速，其上限为最小的分散相液滴处于相对静止状态时的连续相速度。这一速度称为萃取塔液泛速度。在达到该流速时，萃取塔刚好处于液泛点。在工业生产和实验研究中，萃取塔均应在低于液泛速度的条件下操作。通常，可靠的液泛数据是在中试设备中用实际物料实验测得的。

（5）萃取塔的操作

萃取塔在开车时，应首先在塔中注满连续相液体，然后开启分散相阀门，使两相液体在塔中接触传质。分散相液滴必须经凝聚后才能自塔内排出。因此当轻相作为分散相时，应使分散相不断在塔顶分层段凝聚，当两相界面维持适当高度后，再开启分散出口阀门，使轻相液体从塔内排出。同时，依靠重相出口的 π 型管自动调节界面高度。当重相作为分散相时，则分散相液滴在塔底的分层段凝聚，两相界面应维持在塔底分层段的某一位置上。

3.2.3.3　萃取塔的传质单元高度

与精馏、吸收等气-液传质过程类似，在萃取过程的设计计算中，一般将所需的塔板数或塔的传质高度分别用理论级（板）与板效率或传质单元数与传质单元高度来表示，对于转盘塔、振动塔、填料塔等这类微分接触的传质设备，通常多采用传质单元数与传质单元高度来计算：

$$H = H_{OD}N_{OD} \quad 或 \quad H = H_{OC}N_{OC} \tag{3-4}$$

$$H_{OC} = \frac{G_c}{k_{ca}A} \quad 或 \quad H_{OD} = \frac{G_d}{k_{da}A} \tag{3-5}$$

$$N_{OD} = \int_{x_2}^{x_1} \frac{\mathrm{d}x}{x - x_e} \quad 或 \quad N_{OC} = \int_{y_2}^{y_1} \frac{\mathrm{d}y}{y_e - y} \tag{3-6}$$

对于稀溶液，N_{OD} 或 N_{OC} 可用对数平均推动力法计算：

$$N_{OD} = \frac{(x_1 - x_{1e}) - (x_2 - x_{2e})}{\ln \dfrac{x_1 - x_{1e}}{x_2 - x_{2e}}} \quad 或 \quad N_{OC} = \frac{(y_1 - y_{1e}) - (y_2 - y_{2e})}{\ln \dfrac{y_1 - y_{1e}}{y_2 - y_{2e}}} \tag{3-7}$$

物系的相平衡关系可近似用直线关系来表示：

$$y_e = mx \quad 或 \quad x_e = \frac{y}{m} \tag{3-8}$$

式中 A——面积，m^2；

        H——萃取塔的有效传质高度，m；

H_{OD}，H_{OC}——分别为以分散相和连续相为基准的传质单元高度，m；

N_{OD}，N_{OC}——分别为以分散相和连续相为基准的传质单元数；

  G_d，G_c——分别为分散相中和连续相中稀释剂的质量流量，kg/s；

     k_{da}——以分散相为基准的体积传质系数，$kg/(m^3 \cdot s)$；

     k_{ca}——以连续相为基准的体积传质系数，$kg/(m^3 \cdot s)$；

  x_1，x_2——分别表示分散相进、出萃取塔的质量浓度，kg/kg；

  y_1，y_2——分别表示连续相进、出萃取塔的质量浓度，kg/kg；

     x_e——与连续相浓度 y 呈平衡的分散相浓度，kg/kg；

     y_e——与分散相浓度 y 呈平衡的连续相浓度，kg/kg；

     m——相平衡常数。

y 与 x 间的关系可由系统的物料衡算方程确定：

$$G_d(x_1 - x_2) = G_c(y_1 - y_2) \tag{3-9}$$

H_{OD}、N_{OD} 或 H_{OC}、N_{OC} 是萃取设计中的重要参数。其中，N_{OD} 或 N_{OC} 是表示工艺上分离难易程度的参数，N_{OD} 或 N_{OC} 大，说明物系难分离，需要较多的塔板数或较高的萃取传质高度才行；H_{OD} 或 H_{OC} 是表示萃取设备传质性能优劣的参数，主要反映了设备结构、两相的物性、操作因素以及外加能量大小的影响。N_{OD} 或 N_{OC} 可以方便地通过实验测定分散相和连续相的进、出口浓度而求得，H_{OD} 或 H_{OC} 则可按照实验萃取塔的有效传质高度用下式计算：

$$H_{OD} = \frac{H}{N_{OD}} \quad H_{OC} = \frac{H}{N_{OC}} \tag{3-10}$$

3.2.4 实验设计

3.2.4.1 实验方案

实验中用水作为萃取剂萃取煤油中的苯甲酸，操作相比（质量比）1∶1。在实验条件下，相平衡关系为 $y = 2.2x$。

实验中，通过改变振动塔的直流电机电压 V（或振动频率 f）来调节外加能量的大小，测取一系列相应的分散相（油相）中苯甲酸的含量，并通过物料衡算求得连续相（水相）的出口浓度 y_2，即可由式（3-7）和式（3-10）计算得到一系列的 N_{OD} 和 H_{OD}。最后，将相应的 H_{OD} 对 V（或 f）作图，就得到 H_{OD} 与外加能量之间的关系。

3.2.4.2 检测点与检测方法

根据实验基本原理和实验方案可知，需要测定的原始数据有：连续相（水）流量 G_c、分散相（煤油）流量 G_d、直流电压 V（或塔的振动频率 f）、分散相的进、出口浓度 x_1 和

x_2，此外，还有萃取塔有效传质高度 H 等设备参数。据此，在实验装置的设计时，安排一系列的检测点，并配置相应的检测仪表或采用适当的分析方法。G_c 和 G_d 分别用转子流量计计量，V 用直流电压表显示。分散相 x_1 和 x_2 采用酸碱中和滴定法用 NaOH 标准溶液标定，分析方法如下。

① 收集约 100mL 的分散相液体（出口或进口）样品。

② 用移液管移取 25mL 样品置于锥形瓶中，添加同样体积的去离子水，滴加 3～4 滴酚酞指示剂，轻轻摇匀。

③ 用标准 NaOH 溶液滴定至终点，达到终点时水相溶液呈淡粉色，记录滴定管的初始和终了的液位读数。

④ 用 NaOH 消耗量计算溶质的浓度。计算公式为：

$$c_{ben} = c_{OH} V_{OH} / V_{油} \tag{3-11}$$

$$x = c_{ben} M_{ben} / \rho_{油} \tag{3-12}$$

式中　c_{ben}——分析试样中溶质的浓度，mol/mL；

　　　c_{OH}——NaOH 标准溶液的浓度，mol/mL；

　　　V_{OH}——分析消耗的 NaOH 溶液的平均体积，mL；

　　　$V_{油}$——分散相（煤油）试样体积，$V_{油} = 25$mL；

　　　x——分散相中溶质的质量分数；

　　　M_{ben}——溶质（苯甲酸）的摩尔质量，$M_{ben} = 122.24$g/mol；

　　　$\rho_{油}$——分散相（煤油）密度，$\rho_{油} = 800$kg/m^3。

3.2.4.3　控制点及调节手段

实验过程中须控制的变量有：直流电压 V，连续相和分散相的流量 G_c 和 G_d，分层段的界面高度 H_1。V 用手动调节器调节；G_c 和 G_d 用转子流量计（阀门）控制；分层段的界面高度采用 π 型管调节阀调节。

3.2.4.4　实验装置和流程

主要设备和仪表：振动式萃取塔，直流电流和凸轮传动机构，电机电压调节器，转子流量计，π 型管，自来水（重相）高位槽，煤油（轻相）高位槽，萃余相（煤油）贮槽，化学中和滴定仪器。

本实验中的主要设备为振动式萃取塔，又称往复式振动筛板塔，这是一种效率比较高的液-液传质设备，其基本结构如图 3-9 所示。

振动塔上、下两端各有一个沉降室，即分层段。为了使分散相在沉降室停留一定时间，通常做成扩大形状。在萃取传质段有一系列的筛板固定在中心轴上，中心轴由塔顶外的曲柄连杆结构以一定的频率和振幅带动筛板作上、下往复运动，当筛板向上运动时，筛板上侧的液体通过筛孔向下喷射；当筛板向下运动时，筛板下侧的液体通过筛孔向上喷射。这使两相液体处于高度湍流状态，使分散相液滴不断分散，两相液体在塔内逆流接触传质。实验装置的流程图如图 3-10 所示。

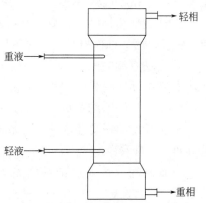

图 3-9　往复式振动筛板塔结构示意

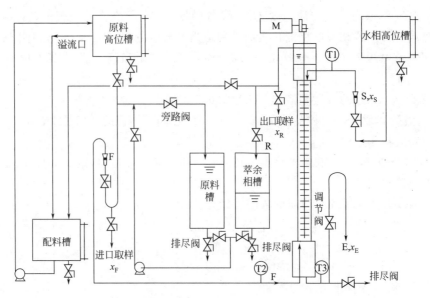

图 3-10　液-液萃取塔传质单元高度测定的实验装置流程

3.2.5　实验方法及步骤

3.2.5.1　实验准备

① 在原料槽中按照每 20kg 煤油加入约 10g 苯甲酸的比例配制煤油原料。通过旁路阀用泵打循环，待苯甲酸完全溶解后，再用泵送至轻相高位槽。本步操作已提前完成，无须学生进行操作。

② 检查实验装置处在开车前的状态，检查各个阀门的开关状态。

3.2.5.2　萃取塔实验

① 开启萃取相出口温度表，水相进口温度表，原料进口温度表，振动频率显示表；

② 开启连续相（水）的转子流量计阀门向塔内灌水；

③ 待水灌到萃取塔上半部分的颈部处，关闭连续相（水）的转子流量计阀门；

④ 打开原料进口阀，待萃取塔满水后，开启分散相（煤油）转子流量计阀门；

⑤ 按照相比（校正后的质量比）为 1：1 的要求将两相的流量计读数调节至适当刻度，建议的连续相流量为 6L/h；

⑥ 通过连续相出口 π 型管上的调节阀，将两相界面调节至连续相进口与分散相出口中间的位置，调节过程中不允许水相从萃取塔顶部流出进入萃余相槽；

⑦ 启动直流电机；

⑧ 在振动频率为 0～200r/min 内适当分配实验点（实验点建议包含 0 和低频率的两个点，在低频率下观察振动筛板的振幅），直流电机设置一定的振动频率；

⑨ 在设定的振动频率下，待系统稳定约 20min 后，点击右上角的"取样"按钮进行油进口和油出口取样；

⑩ 取样完成后，点击画面右上角的"NaOH 滴定分析"按钮，样品分析，并记录数据；

⑪ 调节不同的振动频率，取样，分析，记录数据，做五组不同的振动频率的数据。

3.2.5.3 实验结束

① 调节直流电机振动频率为 0，关闭直流电机；

② 关闭分散相（煤油）转子流量计阀门，关闭连续相（水）的转子流量计阀门，关闭原料进口阀；

③ 关闭 π 型管上的界面调节阀；

④ 打开萃取塔底部排尽阀，待萃取塔内部液体排尽后，关闭排尽阀；

⑤ 关闭萃取相出口温度表，水相进口温度表，原料进口温度表，振动频率显示表。

3.2.6 数据处理

往复筛板萃取塔相关参数见表 3-2。

表 3-2 往复筛板萃取塔相关参数数据表

萃取塔塔高/m	0.900	NaOH 浓度/(mol/L)	0.015
苯甲酸分子量	122.240	取样煤油体积/mL	25.000
水密度/(kg/m³)	999.000	油密度/(kg/m³)	799.000
转子密度/(kg/m³)	7850.000	筛板振幅/mm	20.000

① 数据处理方法（计算举例，数据应区别于同组成员）。

② 数据处理结果（计算结果列表）：完成往复筛板萃取塔实验数据记录及整理表。

a. 首先自调振动频率为一定值，读取油进口 NaOH 消耗量以及油出口 NaOH 消耗量分别为 V_1 和 V_2；

b. 根据油水质量比为 1∶1，再进行相关数据处理。根据公式计算油进、出口浓度，有：

$$c_{ben} = c_{OH} V_{OH} / V_{油} \tag{3-11}$$

$$x = c_{ben} M_{ben} / \rho_{油} \tag{3-12}$$

分别得到 x_1 和 x_2。根据物料衡算得水出口浓度 y_1；根据推动力计算公式计算推动力；再根据传质单元高度公式计算 H_{OR}（表 3-3）。

表 3-3 往复筛板萃取塔实验数据记录及整理表

序号	振动频率/(r/min)	油进口 NaOH 消耗量/mL	油出口 NaOH 消耗量/mL	油流量/(L/h)	水流量/(L/h)	油出口浓度/(kg/kg)	水出口浓度/(kg/kg)	推动力 ΔX_m	传质单元高度 H_{OR}/m	效率(溶质回收率) η/%
1										
2										
3										
4										
5										

③ 绘制外加能量与传质单元高度关系曲线图（图 3-11）。

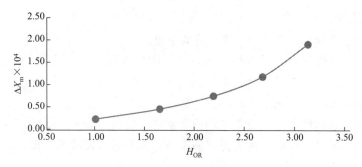

图 3-11　外加能量与传质单元高度关系曲线图

思 考 题

（1）本次实验的实验内容为（　　）

    A.以煤油为分散相，水为连续相，进行萃取过程的操作。

    B.测定往复振动筛板塔在不同振动频率下的传质单元高度。

    C.在最佳效率下，测定装置的最大通量或液泛速率。

（2）本次实验的实验目的是（　　）

    A.了解液-液萃取设备的一般结构和特点。

    B.掌握液-液萃取塔的操作方法。

    C.学习和掌握液-液萃取塔传质单元高度的测定原理和方法，分析外加能量对液-液萃取塔的传质单元高度及通量的影响。

（3）下列说法正确的是（　　）

    A.在萃取过程中，为了使两相密切接触，其中一相充满设备中的主要空间，并呈连续流动，称为连续相；另一相以液滴的形式，分散在连续相中，称为分散相。

    B.为了增加相际接触面积，一般可将流量大的一相作为分散相。

    C.应充分考虑界面张力变化对传质面积的影响。

    D.对于某些萃取设备，如填料塔和筛板塔等，连续相优先润湿填料或筛板是相当重要的。此时，宜将不易润湿填料或塔板的一相作为分散相。

    E.分散相液滴在连续相中的沉降速度，与连续相的黏度有很大关系。为了减小塔径，提高二相分离的效果，应将黏度大的一相作为分散相。

    F.从成本、安全考虑，应将成本高的，易燃、易爆物料作为分散相。

（4）液滴的分散可以通过以下几个途径实现（　　）。

    A.借助喷嘴或孔板，如喷洒塔和筛孔塔

    B.借助塔内的填料，如填料塔

    C.借助外加能量，如转盘塔、振动塔、脉动塔、离心萃取器等

（5）液-液萃取设备和气液传质设备的主要区别在哪里？

（6）从实验结果分析不同的振动频率对萃取传质系数的影响。

（7）萃取塔（连续接触式）中两相的液泛速度受哪些因素影响？就其实质而言，它与液滴的什么速度相当？

（8）本实验的萃取装置如何调节外加能量和进行测量？

（9）对于液-液萃取过程来说，是不是外加能量越大越有利？为什么？

第4章
二氧化碳吸收与解吸实验仿真实训

为了免受气候变暖的威胁，很多国家通过了旨在限制温室气体排放量的《京都议定书》，并在 2015 年通过了《巴黎协定》，为有效落实《巴黎协定》，我国宣布了"二氧化碳排放力争于 2030 年前达到峰值，努力争取 2060 年前实现碳中和"的目标，推动构建"人类命运共同体"。

面对生态环境挑战，"绿水青山就是金山银山"就是生态文明建设和环境保护战略思想的理论精髓。而工业废气中往往含有二氧化硫、氮氧化物及挥发性有机物等有害成分，其主要来源于化石燃料等不可再生能源的燃烧，通常采用吸收的方法进行脱除。

4.1 气体吸收的原理

气体吸收是典型的化工单元操作过程。气体吸收的原理是，根据混合气体中各组分在某液体溶剂中的溶解度不同而将气体混合物进行分离。吸收操作所用的液体溶剂称为吸收剂，以 S 表示；混合气体中，能够显著溶解于吸收剂的组分称为吸收物质或溶质，以 A 表示；而几乎不被溶解的组分统称为惰性组分或载体，以 B 表示；吸收操作所得到的溶液称为吸收液或溶液，它是溶质 A 在溶剂 S 中的溶液；被吸收后排出的气体称为吸收尾气，其主要成分为惰性气体 B，但仍含有少量未被吸收的溶质 A。

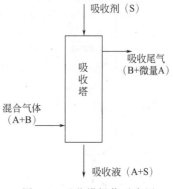

图 4-1　吸收塔操作示意图

吸收过程通常在吸收塔中进行。根据气、液两相的流动方向，分为逆流操作和并流操作两类，工业生产中以逆流操作为主。吸收塔操作示意图如图 4-1 所示。

4.2 填料塔简介

填料塔是最常用的气-液传质设备之一，它广泛应用于吸收、解吸、汽提、蒸馏、萃取、化学交换、洗涤和热交换等过程。

填料塔塔内装有一定高度的填料，是气-液接触和传质的基本构件，属微分接触型气-液传质设备。填料塔结构简单，具有阻力小、便于用耐腐蚀性材料制造等优点。填料的种类很多，按装填方式分为规整填料和散装填料两大类。散装填料则有拉西环、鲍尔环、阶梯环、矩鞍环和各种花环等。规整填料主要有格栅填料、波纹填料、脉冲填料等。工业上应用的规整填料绝大部分为波纹填料，波纹填料按结构又分为网波纹填料和板波纹填料两大类。

几年来，由于填料塔研究工作已日益深入，填料结构的形式不断更新，填料性能也得到了迅速提高。金属鞍环、改型鲍尔环及波纹填料等大通量、低压力降、高效率填料的开发，使大型填料塔不断出现，并已推广到大型气-液体系操作中，尤其是孔板波纹填料，由于具有较好的综合性能，其不仅在大规模生产中被采用，而且由于其在许多方面优于各种塔盘，因此越来越得到人们的重视，在某些领域中，有取代板式塔的趋势。

近年来，在吸收领域中，最突出的变化是新型填料，特别是规整填料在大直径塔中的采用，它标志着塔填料、塔内件及塔设备的综合设计技术已进入到一个新的阶段。

4.3 填料塔结构

4.3.1 填料塔原理

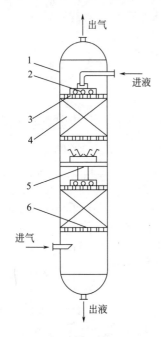

图 4-2 填料塔的结构示意图
1—壳体；2—液体分布器；
3—填料压板；4—填料；
5—液体再分布器；6—填料支承板

图 4-2 所示为填料塔的结构示意图，填料塔是以塔内的填料作为气-液两相间接触构件的传质设备。填料塔的塔身是一直立式圆筒，底部装有填料支承板，填料以乱堆或整砌的方式放置在支承板上。填料的上方安装填料压板，以防止被上升气流吹动。液体从塔顶经液体分布器喷淋到填料上，并沿填料表面流下。气体从塔底送入，经气体分布装置（小直径塔一般不设气体分布装置）分布后，与液体呈逆流连续通过填料层的空隙，在填料表面上，气-液两相密切接触进行传质。填料塔属于连续接触式气-液传质设备，两相组成沿塔高连续变化，在正常操作状态下，气相为连续相，液相为分散相。

当液体沿填料层向下流动时，有逐渐向塔壁集中的趋势，使得塔壁附近的液体流量逐渐增大，这种现象称为壁流。壁流效应造成气-液两相在填料层中分布不均，从而使传质效率下降。因此，当填料层较高时，需要进行分段，中间设置再分布装置。液体再分布装置包括液体收集器和液体再分布器两部分，上层填料流下的液体经液体收集器收集后，送到液体再分布器，经重新分布后喷淋到下层填料上。

4.3.2 塔内件

塔内件是填料塔的组成部分，它与填料及塔体共同构成一个完整的填料塔。塔内件的作用是使气、液在塔内更好地接触，以便发挥填料塔的最大效率和最大生产能力，因此塔内件设计的好坏直接影响填料性能的发挥和整个填料塔的性能。另外，填料塔的"放大效应"除填料本身因素外，塔内件对它的影响也很大。

填料塔的内件主要有填料支承装置、填料压紧装置、液体分布装置、液体收集及再分布装置等，如图 4-3 所示。

（1）填料支承装置

填料支承装置的作用是支承塔内的填料，常用的填料支承装置有如图 4-4 所示的栅板型、孔管型、驼峰型等。

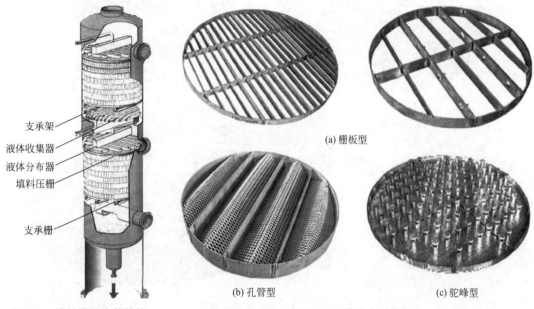

支承架
液体收集器
液体分布器
填料压栅

支承栅

图 4-3　填料塔的内件结构

(a) 栅板型

(b) 孔管型

(c) 驼峰型

图 4-4　填料支承装置

（2）填料压紧装置

填料上方安装压紧装置可防止填料床层在气流的作用下发生松动和跳动。填料压紧装置分为填料压板和床层限制板两大类，每类又有不同的型式，图 4-5 为常用的填料压紧装置。填料压板自由放置于填料层上端，靠自身重量将填料压紧。它适用于陶瓷、石墨等制成的易发生破碎的散装填料。床层限制板用于金属、塑料等制成的不易发生破碎的散装填料及所有规整填料。床层限制板要固定在塔壁上，为不影响液体分布器的

图 4-5　用于散装填料的填料压圈

安装和使用，不能采用连续的塔圈固定，对于小塔可用螺钉固定于塔壁，而大塔则用支耳固定。

规整填料一般不会发生流化，但在大塔中，分块组装的填料会移动，因此也必须安装由平行扁钢构造的填料限制圈。

（3）液体分布装置

液体分布装置的种类多样，有喷头式、盘式、管式、槽式及槽盘式等，如图 4-6 所示。

（4）液体收集及再分布装置

填料塔在操作过程中，气液流率的偏差会造成局部气液比不同，使塔截面出现径向浓度差，如不及时重新混合，就会越来越严重。为了消除塔径向浓度差，一般 15～20 个理论级需进行一次气液再分布，超过 20 个理论级，液体不均匀分布对效率的影响太大。收集

图 4-6　液体分布装置示意图

再分布器占据很大的塔内空间，气液再分布过多会增加塔高，加大设备投资，因此填料塔内的气液再分布需合理安排。液体收集及再分布装置如图 4-7 所示。

(a) 用于大塔径的斜板式液体收集器

(b) 用于小塔径的斜板式液体收集器

(c) ϕ3800液体收集再分布器

图 4-7　液体收集及再分布装置

填料塔各床层之间采用液体收集器将上一床层流下的液体完全收集并混合,再进入液体分布器,消除塔径向质与量的偏差。

液体沿填料层向下流动时,有偏向塔壁流动的现象,这种现象称为壁流。壁流将导致填料层内气液分布不均,使传质效率下降。为减小壁流现象,可间隔一定高度在填料层内设置液体再分布装置。

4.4 实验仿真实训

4.4.1 实验目的

① 了解填料吸收塔的结构、性能和特点,练习并掌握填料塔操作方法;通过实验测定数据的处理分析,加深对填料塔流体力学性能基本理论的理解,加深对填料塔传质性能理论的理解。

② 掌握填料吸收塔传质能力和传质效率的测定方法,练习对实验数据的处理分析。

4.4.2 实验内容

① 测定填料层压降与操作气速的关系,确定在一定液体喷淋量下的液泛气速。

② 固定液相流量和入塔混合气二氧化碳的浓度,在液泛速度下,取两个相差较大的气相流量,分别测量塔的传质能力(传质单元数和回收率)和传质效率(传质单元高度和体积吸收总系数)。

③ 进行纯水吸收二氧化碳、空气解吸水中二氧化碳的操作练习,同时测定填料塔液侧传质膜系数和总传质系数。

4.4.3 实验原理

气体通过填料层的压降:压降是塔设计中的重要参数,气体通过填料层压降的大小决定了塔的动力消耗。压降与气、液流量均有关,不同液体喷淋量(L)下填料层的压降 Δp 与气速 u 的关系如图 4-8 所示。

当液体喷淋量 $L_0 = 0$ 时,干填料的 $\Delta p\text{-}u$ 的关系成直线,如图 4-8 中的直线 0。当有一定的喷淋量时,$\Delta p\text{-}u$ 的关系变成折线,并存在两个转折点,下转折点称为"载点",上转折点称为"泛点"。这两个转折点将 $\Delta p\text{-}u$ 关系分为三个区段:即恒持液量区、载液区及液泛区。

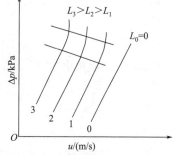

图 4-8　填料层的 $\Delta p\text{-}u$ 关系

传质性能:吸收系数是决定吸收过程速率高低的重要参数,实验测定可获取吸收系数。对于相同的物系及一定的设备(填料类型与尺寸),吸收系数随着操作条件及气-液接触状况的不同而变化。

(1) 二氧化碳吸收-解吸实验原理

根据双膜模型(图 4-9)的基本假设,气侧和液侧的吸收质 A 的传质速率方程可分别表达为:

气膜
$$G_A = k_g A (p_A - p_{Ai}) \tag{4-1}$$

液膜 $$G_A = k_1 A(c_{Ai} - c_A) \qquad (4\text{-}2)$$

式中　G_A——A 组分的传质速率，$kmol \cdot s^{-1}$；

　　A——两相接触面积，m^2；

　　p_A——气侧 A 组分的平均分压，Pa；

　　p_{Ai}——相界面上 A 组分的平均分压，Pa；

　　c_A——液侧 A 组分的平均浓度，$kmol \cdot m^{-3}$；

　　c_{Ai}——相界面上 A 组分的浓度，$kmol \cdot m^{-3}$；

　　k_g——以分压表达推动力的气侧传质膜系数，$kmol \cdot m^{-2} \cdot s^{-1} \cdot Pa^{-1}$；

　　k_1——以物质的量浓度表达推动力的液侧传质膜系数，$m \cdot s^{-1}$。

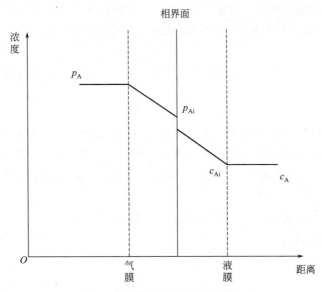

图 4-9　双膜模型的浓度分布图

以气相分压或以液相浓度表示传质过程推动力的相际传质速率方程又可分别表达为：

气膜 $$G_A = K_G A(p_A - p_A^*) \qquad (4\text{-}3)$$

液膜 $$G_A = K_L A(c_A^* - c_A) \qquad (4\text{-}4)$$

式中　p_A^*——液相中 A 组分的实际浓度所要求的气相平衡分压，Pa；

　　c_A^*——气相中 A 组分的实际分压所要求的液相平衡浓度，$kmol \cdot m^{-3}$；

　　K_G——以气相分压表示推动力的总传质系数或简称为气相传质总系数，$kmol \cdot m^{-2} \cdot s^{-1} \cdot Pa^{-1}$；

　　K_L——以液相浓度表示推动力的总传质系数，或简称为液相传质总系数，$m \cdot s^{-1}$。

若气-液相平衡关系遵循亨利定律 $c_A = H p_A$，则：

$$\frac{1}{K_G} = \frac{1}{k_g} + \frac{1}{H K_1} \qquad (4\text{-}5)$$

$$\frac{1}{K_L} = \frac{H}{k_g} + \frac{1}{K_1} \qquad (4\text{-}6)$$

　　H——溶解度常数，$kmol \cdot m^{-3} \cdot kPa^{-1}$。

当气膜阻力远大于液膜阻力时，则相际传质过程受气膜传质速率控制，此时，$K_G =$

k_g；反之，当液膜阻力远大于气膜阻力时，则相际传质过程受液膜传质速率控制，此时，$K_L = k_l$。

如图 4-10 所示，在逆流接触的填料层内，任意截取一微分段，并以此为衡算系统，则由吸收质 A 的物料衡算可得：

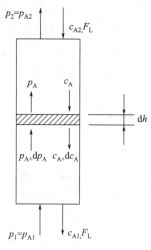

$$dG_A = \frac{F_L}{\rho_L} dc_A \qquad (4\text{-}7a)$$

式中 F_L——液相摩尔流率，$kmol \cdot s^{-1}$；

ρ_L——液相摩尔浓度，$kmol \cdot m^{-3}$。

根据传质速率基本方程式，可写出该微分段的传质速率微分方程：

$$dG_A = K_L(c_A^* - c_A)aS\,dh \qquad (4\text{-}7b)$$

联立以上两式可得：

图 4-10 填料塔的物料衡算图

$$dh = \frac{F_L}{K_L aS\rho_L} \times \frac{dc_A}{c_A^* - c_A} \qquad (4\text{-}8)$$

式中 a——气-液两相接触的比表面积，$m^2 \cdot m^{-1}$；

S——填料塔的横截面积，m^2。

本实验采用水吸收纯二氧化碳，且已知二氧化碳在常温常压下溶解度较小，因此，液相摩尔流率 F_L 和摩尔密度 ρ_L 的比值，亦即液体体积流率 V_{sL} 可视为定值，且设总传质系数 K_L 和两相接触比表面积 a，在整个填料层内为一定值，$h = 0$ 时，$c_A = c_{A2}$，$h = h_0$ 时，$c_A = c_{A1}$，可得填料层高度的计算公式：

$$h = \frac{V_{sL}}{K_L aS} \int_{c_{A2}}^{c_{A1}} \frac{dc_A}{c_A^* - c_A} \qquad (4\text{-}9)$$

令 $H = \dfrac{V_{sL}}{K_L aS}$，且称 H_L 为液相传质单元高度（HTU）；$N_L = \displaystyle\int_{c_{A2}}^{c_{A1}} \frac{dc_A}{c_A^* - c_A}$，且称 N_L 为液相传质单元数（NTU）。因此，填料层高度为传质单元高度与传质单元数之乘积，即

$$h = H_L N_L \qquad (4\text{-}10)$$

若气-液平衡关系遵循亨利定律，即平衡曲线为直线，则式（4-9）为可用解析法解得填料层高度的计算式，亦即可采用下列平均推动力法计算填料层的高度或液相传质单元数：

$$h = \frac{V_{sL}}{K_L aS} \times \frac{c_{A1} - c_{A2}}{\Delta c_{Am}} \qquad (4\text{-}11)$$

$$N_L = \frac{h}{H_L} = \frac{h K_L aS}{V_{sL}} \qquad (4\text{-}12)$$

式中，Δc_{Am} 为液相平均推动力，即

$$\Delta c_{Am} = \frac{\Delta c_{A1} - \Delta c_{A2}}{\ln \dfrac{\Delta c_{A1}}{\Delta c_{A2}}} = \frac{(c_{A1}^* - c_{A1}) - (c_{A2}^* - c_{A2})}{\ln \dfrac{c_{A1}^* - c_{A1}}{c_{A2}^* - c_{A2}}} \qquad (4\text{-}13)$$

其中，$c_{A1}^* = Hp_{A1} = Hy_1 p_0$，$c_{A2}^* = Hp_{A2} = Hy_2 p_0$，$p_0$ 为大气压。

二氧化碳的溶解度常数：

$$H = \frac{\rho_w}{M_w} \times \frac{1}{E} \quad (kmol \cdot m^{-3} \cdot Pa^{-1}) \qquad (4\text{-}14)$$

式中 ρ_w——水的密度，$kg \cdot m^{-3}$；

M_w——水的摩尔质量，$kg \cdot kmol^{-1}$；

E——二氧化碳在水中的亨利系数，Pa。

由吸收过程物料衡算得：

$$V(y_1 - y_2) = L(c_{A1} - c_{A2})$$

可得：

$$y_2 = y_1 - \frac{L}{V}(c_{A1} - c_{A2})$$

式中 L——吸收塔液相体积流量，m^3/h；

V——吸收塔气相摩尔流量，$kmol/h$；

y_1——吸收塔入口 CO_2 质量分数，%；

y_2——吸收塔出口 CO_2 质量分数，%。

因本实验采用的物系不仅遵循亨利定律，而且气膜阻力可以不计，在此情况下，整个传质过程阻力都集中于液膜，即属液膜控制过程，则液侧体积传质膜系数等于液相体积传质总系数，亦即

$$k_1a = K_La = \frac{V_{sL}}{hS} \times \frac{c_{A1} - c_{A2}}{\Delta c_{Am}} \tag{4-15}$$

（2）二氧化碳吸收与解吸实验装置

二氧化碳吸收与解吸实验装置见图4-11、图4-12。

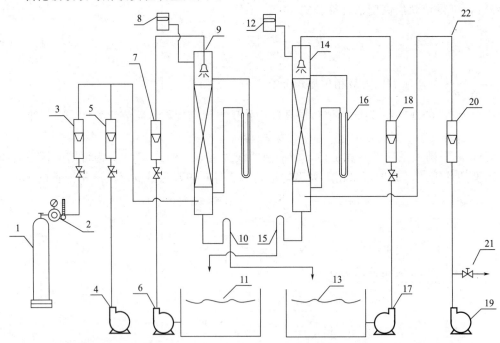

图4-11 二氧化碳吸收与解吸实验装置示意图

1—CO_2 钢瓶；2—减压阀；3—CO_2 流量计；4—吸收风机；5—吸收塔空气流量计；6—吸收水泵；

7—吸收塔水流量计；8—吸收尾气传感器；9—吸收塔；10，15—液封；11—解吸液罐；12—解吸尾气传感器；

13—吸收液罐；14—解吸塔；16—压差计；17—解吸水泵；18—解吸塔水流量计；19—解吸风机；

20—解吸塔空气流量计；21—空气旁路调节阀；22—π型管

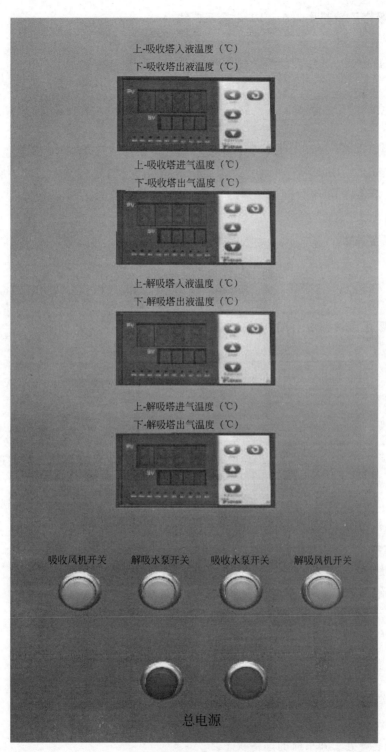

图 4-12 实验装置面板图

4.4.4　实验方法及步骤

4.4.4.1　解吸塔干填料层 $(\Delta p/z)$-u 关系曲线

（1）实验前准备

检查实验装置处于开车前的准备状态。

（2）实验开始

① 打开总电源开关。

② 全开空气旁路调节阀，启动解吸风机。

③ 全开解吸塔空气流量计开关，逐渐关小空气旁路调节阀的开度，调节空气流量。

④ 稳定后读取解吸塔压差计液位差，记录不同的空气流量及其对应的解吸塔压差计液位差，共测定并记录 10 组数据。

（3）实验结束

① 关闭解吸风机。

② 关闭空气旁路调节阀。

③ 关闭解吸塔空气流量计。

④ 关闭总电源。

4.4.4.2　解吸塔湿填料层 $(\Delta p/Z)$-u 关系曲线

（1）实验前准备

检查实验装置处于开车前的准备状态。

（2）实验开始

① 打开总电源开关。

② 打开解吸水泵开关，打开解吸塔水流量计开关，将水流量调节到 100L/h。

③ 全开空气旁路调节阀，启动解吸风机，全开解吸塔空气流量计开关，逐渐关小空气旁路调节阀的开度，调节进塔的空气流量。

④ 稳定后读取解吸塔压差计液位差，记录不同的空气流量及其对应的解吸塔压差计液位差，共测定并记录 10 组数据。

（3）实验结束

① 关闭解吸风机。

② 关闭解吸塔空气流量计开关。

③ 关闭空气旁路调节阀。

④ 关闭解吸塔水流量计开关。

⑤ 关闭解吸水泵。

⑥ 关闭总电源。

4.4.4.3　二氧化碳吸收传质系数测定

（1）实验前准备

检查实验装置处于开车前的准备状态。

（2）实验开始

① 打开总电源。

② 启动吸收水泵，打开吸收塔水流量计开关，控制吸收塔水流量计流量为 100L/h。

③ 启动解吸水泵，打开解吸塔水流量计开关，控制解吸塔水流量计流量为 100L/h。

注：实验时注意吸收塔水流量计和解吸塔水流量计数值要一致，两个流量计要及时调节，以保证实验时操作条件不变。

④ 全开二氧化碳钢瓶顶上的针阀，打开减压阀，调节储瓶减压后的压力为 0.3MPa。

⑤ 打开二氧化碳气体流量计，控制二氧化碳流量在 0.3m³/h（标准状态）左右。

⑥ 启动吸收风机开关，调节吸收塔空气流量计开关，控制流量在 0.7m³/h（标准状态），向吸收塔内通入二氧化碳和空气的混合气体。

⑦ 全开空气旁路阀，启动风机，全开解吸塔空气流量计开关，关小空气旁路调节阀，调节空气流量为 10m³/h，对解吸塔中的吸收液进行解吸。

⑧ 系统稳定 20min 左右（右上方计时器控制时间），点击右上方的"取样"按钮，对吸收塔塔釜和解吸塔塔釜的液体进行取样。

⑨ 取样完成后，点击右上方的"HCl 滴定分析"按钮，对已添加氢氧化钡和指示剂甲酚红的样品滴定分析。

⑩ 分别记录吸收塔水流量、空气流量、CO_2 流量、吸收塔釜和解吸塔釜的取样消耗的 HCl 体积。

（3）实验结束

① 关闭解吸风机，关闭空气流量计开关，关闭空气旁路调节阀。

② 关闭吸收塔水流量调节阀，关闭解吸水泵。

③ 关闭吸收塔风机开关，关闭吸收塔空气流量计开关。

④ 关闭二氧化碳钢瓶顶上的针阀，关闭储瓶减压阀，关闭 CO_2 流量计开关。

⑤ 关闭解吸塔水流量计，关闭吸收水泵。

⑥ 关闭总电源开关。

4.4.5 数据处理

实验数据计算及结果［以实验中所取得数据（表 4-1、表 4-2）的第二组数据为例］。

（1）填料塔流体力学性能测定（以解吸填料塔干填料数据为例）

空气转子流量计读数 7.5m³/h，填料层压降 U 形管高度差读数 0.45cm，解吸塔塔径 0.075m，填料层高度 0.80m，U 形管压差计内液体密度 1000.0kg/m³，空塔气速为：

$$u = \frac{V}{3600 \times (\pi/4)D^2} = \frac{7.5}{3600 \times (\pi/4) \times 0.075^2} = 0.472 \ (\text{m/s})$$

塔压降为：

$$\Delta p = \rho g h = 1000.0 \times 9.8 \times 0.45/100 = 44.10 \ (\text{Pa})$$

单位填料层压降为：

$$\frac{\Delta p}{Z} = \frac{44.10}{0.80} = 55.125 \ (\text{Pa} \cdot \text{m}^{-1})$$

在对数坐标纸上以空塔气速 u 为横坐标，$\Delta p/Z$ 为纵坐标作图，标绘 $\Delta p/Z$-u 关系曲线。

表 4-1　干塔流体力学数据表

序号	空气流量/(m³/h)	空气流速/(m/s)	U形管高度差/cm	塔压降 Δp/Pa	$(\Delta p/Z)$/(Pa/m)
1	4.2	0.264	0.33	32.34	40.425
2	7.5	0.472	0.45	44.10	55.125
3	10.6	0.667	0.92	90.16	112.700
4	13.6	0.856	1.33	130.34	162.925
5	16.1	1.013	1.79	175.42	219.275
6	20.1	1.264	2.30	225.40	281.750
7	22.2	1.397	3.56	348.88	436.100
8	24.5	1.541	4.18	409.64	512.050
9	26.7	1.680	4.94	484.12	605.150
10	29.5	1.856	6.06	593.88	742.350
11	32.2	2.026	7.19	704.62	880.775
12	35.4	2.227	8.24	807.52	1009.400

表 4-2　湿塔流体力学数据表

序号	空气流量/(m³/h)	空气流速/(m/s)	U形管高度差/cm	塔压降 Δp/Pa	$(\Delta p/Z)$/(Pa/m)
1	4.0	0.252	0.26	25.48	31.850
2	7.8	0.491	0.76	74.48	93.100
3	10.0	0.629	1.19	116.62	145.775
4	12.9	0.812	1.99	195.02	243.775
5	16.0	1.007	2.93	287.14	358.925
6	18.3	1.151	3.77	369.46	461.825
7	20.3	1.277	4.88	478.24	597.800
8	22.6	1.422	6.09	596.82	746.025
9	26.2	1.648	8.40	823.20	1029.000
10	28.5	1.793	10.79	1057.42	1321.775
11	29.0	1.824	11.09	1086.82	1358.525
12	29.9	1.881	14.22	1393.56	1741.950

（2）传质系数测定实验

吸收塔空气流量为 0.70m³/h（标准状态）：

$$v_1 = \frac{0.70 \times 293.15}{25.0 + 273.15} = 0.6883 \text{（m}^3/\text{h）}$$

吸收塔 CO_2 流量为 0.30m³/h（标准状态）：

$$v_2 = \frac{0.3 \times 293.15}{25.0 + 273.15} = 0.2950 \text{（m}^3/\text{h）}$$

校正后吸收塔 CO_2 实际体积流量：

$$v_2' = v_2 \sqrt{\frac{\rho_{CO_2}}{\rho_{空气}}} = 0.2950 \times \sqrt{\frac{1.204}{1.85}} = 0.2380 \text{（m}^3/\text{h）}$$

吸收塔入口 CO_2 质量分数 y_1：

$$y_1 = \frac{v_2'}{v_1 + v_2'} = \frac{0.2380}{0.6883 + 0.2380} = 0.2569$$

塔底液温度 $t = 25℃$ 时的 CO_2 亨利系数：$E = 1.66 \times 10^5$ kPa。

吸收塔入口 CO_2 实际浓度 c_{A2}：

$$c_{A2} = \frac{2c_{Ba(OH)_2}V_{Ba(OH)_2} - c_{HCl}V_{HCl}}{2V_{溶液}} = \frac{2 \times 0.10 \times 10 - 0.08 \times 24.80}{2 \times 20} = 4.00 \times 10^{-4} \quad (mol/L)$$

吸收塔出口 CO_2 实际浓度 c_{A1}

$$c_{A1} = \frac{2c_{Ba(OH)_2}V_{Ba(OH)_2} - c_{HCl}V_{HCl}}{2V_{溶液}} = \frac{2 \times 0.10 \times 10 - 0.08 \times 21.76}{2 \times 20} = 6.48 \times 10^{-3} \quad (mol/L)$$

则 CO_2 的溶解度常数为：

$$H = \frac{\rho_w}{M_w} \times \frac{1}{E} = \frac{1000}{18} \times \frac{1}{1.66 \times 10^8} = 3.35 \times 10^{-7} \quad (kmol \cdot m^{-3} \cdot Pa^{-1})$$

吸收塔入口 CO_2 平衡浓度 c_A^* 为：

$$c_{A1}^* = Hp_{A1} = Hy_1 p_0 = 3.35 \times 10^{-7} \times 0.2569 \times 101325 = 8.720 \times 10^{-3} \quad (mol/L)$$

$$y_2 = y_1 - \frac{L}{V}(c_{A1} - c_{A2}) = 0.2569 - \frac{\dfrac{100.0}{1000}}{\dfrac{0.6883 + 0.2380}{24.5}} \times (0.00648 - 0.0004) = 0.2408$$

$$c_{A2}^* = Hp_{A2} = Hy_2 p_0 = 3.35 \times 10^{-7} \times 0.2408 \times 101325 = 8.174 \times 10^{-3} \quad (mol/L)$$

液相平均推动力为：

$$\Delta c_{Am} = \frac{\Delta c_{A1} - \Delta c_{A2}}{\ln \dfrac{\Delta c_{A1}}{\Delta c_{A2}}} = \frac{(c_{A1}^* - c_{A1}) - (c_{A2}^* - c_{A2})}{\ln \dfrac{c_{A1}^* - c_{A1}}{c_{A2}^* - c_{A2}}}$$

$$= \frac{(8.174 - 0.40) - (8.720 - 6.48)}{\ln \dfrac{8.174 - 0.40}{8.720 - 6.48}} \times 10^{-3} = 4.447 \times 10^{-3} \quad (mol/L)$$

因本实验采用的物系不仅遵循亨利定律，而且气膜阻力可以不计，在此情况下，整个传质过程阻力都集中于液膜，属液膜控制过程，则液侧体积传质膜系数等于液相体积传质总系数。

液相传质单元数（NTU）：

$$N_L = \frac{c_{A1} - c_{A2}}{\Delta c_{Am}} = \frac{6.48 - 0.40}{4.447} = 1.367$$

液相传质单元高度（HTU）：

$$H_L = \frac{h}{N_L} = \frac{0.78}{1.367} = 0.571 \quad (m)$$

液相传质系数：

$$k_1 a = K_L a = \frac{V_{sL}}{H_L S} = \frac{100 \times 10^{-3}/3600}{0.571 \times 3.14 \times \left(\dfrac{0.075}{2}\right)^2} = 0.011 \quad (m/s)$$

实验结果见表 4-3。

表 4-3　填料吸收塔传质实验技术数据表

项目	数据
吸收塔水流量/(L/h)	100.0
吸收塔空气流量(标准状态)/(m³/h)	0.70
吸收塔 CO_2 流量(标准状态)/(m³/h)	0.30
吸收塔釜滴定消耗 HCl 体积/mL	21.76
解吸塔釜滴定消耗 HCl 体积/mL	24.80
吸收塔空气流量/(m³/h)	0.6883
吸收塔 CO_2 流量/(m³/h)	0.2950
校正后吸收塔 CO_2 实际流量/(m³/h)	0.2380
吸收塔入口 CO_2 质量分数 y_1/(%)	0.2569
吸收塔出口 CO_2 质量分数 y_2/(%)	0.2408
溶解度常数 $H \times 10^7$/(kmol·m^{-3}·Pa^{-1})	3.35
吸收塔入口 CO_2 平衡浓度 $c_{A1}^* \times 10^3$/(mol/L)	8.720
吸收塔出口 CO_2 平衡浓度 $c_{A2}^* \times 10^3$/(mol/L)	8.174
吸收塔出口 CO_2 实际浓度 $c_{A1} \times 10^3$/(mol/L)	6.480
吸收塔入口 CO_2 实际浓度 $c_{A2} \times 10^3$/(mol/L)	0.400
平均推动力 $\Delta c_{Am} \times 10^3$/(mol/L)	4.447
液相传质单元数 (NTU)	1.367
液相传质单元高度 (HTU)/m	0.571
液相传质系数 $K_L a$/(m/s)	0.011

思 考 题

(1) 测定液相传质系数 $K_L a$ 及 Δp-u 有什么实际意义？

(2) 如何确定吸收实验的水、CO_2、空气的流量？

(3) 为什么二氧化碳吸收过程属于液膜控制？

(4) 理论上本实验过程中气体流量的改变和液体流量的改变对 $K_L a$ 有何影响？

(5) 哪些操作条件会影响到本实验系统的稳定性？

(6) 本实验的主要实验误差在哪里？有什么方法可减少误差？

(7) 操作中的吸收塔，当其他操作条件不变，仅降低吸收剂入塔浓度，则吸收率将
(　　)。

　　A. 增大　　　　　　B. 降低　　　　　　　C. 不变　　　　　　　D. 不确定

(8) 相际传质过程受气膜传质速率控制时，则 (　　)。

　　A. 液膜阻力远大于气膜阻力　　　　　B. 气膜阻力远大于液膜阻力

　　C. 两者阻力近似相等　　　　　　　　D. 两者关系不确定

(9) 由于吸收过程气相中的溶质分压总是 (　　) 液相中溶质的平衡分压，所以吸收过

程的操作线总是在其平衡线的（　　　）。

    A. 小于，上方　　　　　　　　　　B. 小于，下方

    C. 大于，上方　　　　　　　　　　D. 大于，下方

（10）温度（　　　）解吸的进行。

    A. 降低有利于　　B. 升高有利于　　　C. 不确定影响　　　　D. 不影响

（11）下述说法中错误的是（　　　）。

    A. 理想溶液满足拉乌尔定律，也满足亨利定律

    B. 理想溶液满足拉乌尔定律，但不满足满足亨利定律

    C. 非理想溶液满足拉乌尔定律，但不满足亨利定律

    D. 服从亨利定律并不说明溶液的理想性，服从拉乌尔定律才表明溶液的理想性

（12）已知 CO_2 水溶液在两种温度 t_1、t_2 下的亨利系数分别为 $E_1 = 144MPa$，$E_2 = 188MPa$，则（　　　）。

    A. t_1 等于 t_2　　　　　　　　　　B. t_1 大于 t_2

    C. t_1 小于 t_2　　　　　　　　　　D. 不确定

（13）吸收操作中，操作气速应高于载点气速，低于泛点气速，这种说法是（　　　）的。

    A. 正确　　　　　　　　　　　　　　B. 错误

（14）液膜控制吸收时，若要提高吸收率，应提高气相流速，这种说法是（　　　）的。

    A. 正确　　　　　　　　　　　　　　B. 错误

第5章
精馏综合实验仿真实训

化工过程日益追求绿色化，需要对排放的废弃物进行回收，若非达标排放，势必造成环境问题。进行有机溶剂的回收，通常采用精馏的方法进行。

精馏过程具有能耗大的特点，将最小回流量的 1.0～2.2 倍作为精馏最佳回流量。在全球能源紧张的大环境下，应综合确定回流比，以获取最为适宜的生产过程。科学利用回流量能够提升资源的利用效率，为企业提高效益提供有效的支持。

5.1 筛板塔简介

板式塔是一类用于气-液或液-液系统的分级接触传质设备，广泛应用于精馏和吸收，有些类型（如筛板塔）也用于萃取，还可作为反应器用于气-液相反应过程。

板式塔内装有一定数量的塔板，是气-液接触和传质的基本构件，属逐级接触的气-液传质设备。塔板型式很多，常见的有泡罩塔板、筛孔塔板、浮阀塔板、网孔塔板、垂直筛板、无降液管塔板（常见的有穿流式栅板、穿流式筛板、波楞穿流板）、导向筛板（亦称林德筛板）、多降液管塔板和斜喷型塔板（常见的有舌形塔板、斜孔塔板、浮动舌形塔板、浮动喷射塔板）等。目前使用最广泛的是筛板塔和浮阀塔。

筛板塔的操作精度要求较高，过去工业上应用较为谨慎。近年来，由于设计和控制水平的不断提高，筛板塔的操作非常精确，故应用日趋广泛。筛板的优点是结构简单、造价低，板上液面落差小，气体压降低，生产能力大，传质效率高。其缺点是筛孔易堵塞，不宜处理易结焦、黏度大的物料。

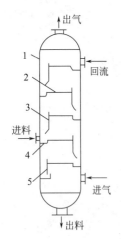

图 5-1 板式塔的结构
1—壳体；2—塔板；
3—溢流堰；4—受液盘；
5—降液管

5.2 筛板塔结构

5.2.1 板式塔原理

如图 5-1 所示，板式塔为逐级接触式气-液传质设备，它主要由圆柱形壳体、塔板、溢流堰、降液管及受液盘等部件构成。

操作时，塔内液体依靠重力作用，由上层塔板的降液管流到下层塔板的受液盘，然后横向流过塔板，从另一侧的降液管流至下一层塔板。溢流堰的作用是使塔板上保持一定厚度的液层。气体则在压力差的推动下，自下而上穿过各层塔板的气体通道（筛孔、泡罩或浮阀等），分散成小股气流，鼓泡通过各层塔板的液层。在塔板上，气-液两相密切接触，进行热量和质量的交换。在板式塔中，气-液两相逐级接触，两相的组成沿塔高呈阶梯式变化，在正常操作下，液相为连续相，气相为分散相。

一般而论，板式塔的空塔速度较高，因而生产能力较大，塔板效率稳定，操作弹性大，且造价低，检修、清洗方便，故工业上应用较为广泛。

5.2.2　筛板结构

筛孔塔板简称筛板，其结构如图 5-2 所示。塔板上开有许多均匀的小孔，孔径一般为 3～8mm。筛孔在塔板上为正三角形排列。塔板上设置溢流堰，使板上能保持一定厚度的液层。操作时，气体经筛孔分散成小股气流，鼓泡通过液层，气-液间密切接触而进行传热和传质。在正常的操作条件下，通过筛孔上升的气流，应能阻止液体经筛孔向下泄漏。

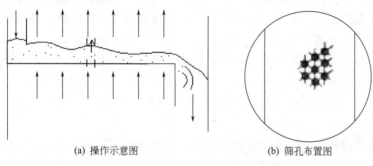

(a) 操作示意图　　　　　　(b) 筛孔布置图

图 5-2　筛板

5.3　实验仿真实训

5.3.1　实验目的

① 了解精馏单元操作的工作原理、精馏塔结构及精馏流程。

② 了解精馏过程的主要设备、主要测量点和操作控制点，学会正确使用仪表测量实验数据。

③ 了解和掌握 DCS 控制系统对精馏塔的控制操作，认识并读懂带有控制点的流程示意图。

④ 根据实验任务要求设计出精馏塔操作条件，能开启精馏塔，调节操作参数，完成分离任务。

⑤ 了解精馏塔操作规程，熟练精馏塔操作并能够排除精馏塔内出现的异常现象。

⑥ 学会识别精馏塔内出现的几种操作状态，并分析这些操作状态对塔性能的影响。

5.3.2　实验内容

① 仿真操作型：蒸馏（精馏）工艺及设备的认识；精馏单元操作的开车、正常运行、停车。

② 工程拓展型：异常情况及事故的紧急处理；常压单元操作参数变化对精馏过程的影响；不同压力（加压、减压）对精馏过程的影响。

③ 综合设计型：板式塔和填料塔设备参数对精馏过程的影响；实验物系的变化对精馏过程的影响。

5.3.3 实验原理

5.3.3.1 实验设备简介

（1）精馏塔

精馏是化工生产中分离互溶液体混合物的典型单元操作，其实质是多级蒸馏，即在一定压力下，利用互溶液体混合物各组分的沸点或饱和蒸气压不同，使轻组分（沸点较低或饱和蒸气压较高的组分）汽化，经多次部分液相汽化和部分气相冷凝，使气相中的轻组分和液相中的重组分浓度逐渐升高，从而实现分离。

精馏过程的主要设备有：精馏塔、再沸器、冷凝器、回流罐和输送设备等。精馏塔以进料板为界，上部为精馏段，下部为提馏段。一定温度和压力下料液进入精馏塔后，轻组分在精馏段逐渐浓缩，离开塔顶后全部冷凝进入回流罐，一部分作为塔顶产品（也叫馏出液），另一部分被送入塔内作为回流液。回流液的目的是补充塔板上的轻组分，使塔板上的液体组成保持稳定，保证精馏操作连续稳定地进行。而重组分在提馏段中浓缩后，一部分作为塔釜产品（也叫残液），另一部分则经再沸器加热后送回塔中，为精馏操作提供一定量连续上升的蒸汽气流。

精馏塔主要分两种类型，板式塔和填料塔，其详细知识可以通过板式塔拆解和填料塔拆解学习。

（2）换热器

管壳式（又称列管式）换热器是最典型的间壁式换热器，它在工业上的应用有着悠久的历史。管壳式换热器主要由壳体、管束、管板和封头等部分组成，壳体多呈圆柱形，内部装有平行管束，管束两端固定于管板上。在管壳式换热器内进行换热的两种流体，一种在管内流动，其行程称为管程；另一种在管外流动，其行程称为壳程，管束的壁面即为传热面，为提高管外流体对流传热系数，通常在壳体内安装一定数量的横向折流板。折流板不仅可防止流体短路，增加流体速度，还迫使流体按规定路径多次错流通过管束，使湍动程度大为增加。常用的挡板有圆缺形和圆盘形两种，前者应用更为广泛。流体在管内每通过管束一次称为一个管程，每通过壳体一次称为一个壳程。为提高管内流体的速度，可在两端封头内设置适当隔板，将全部管子平均分隔成若干组。这样，流体可每次只通过部分管子而往返管束多次，称为多管程。同样，为提高管外流速，可在壳体内安装纵向挡板使流体多次通过壳体空间，称多壳程。在管壳式换热器内，由于管内外流体温度不同，壳体和管束的温度也不同。如两者温差很大，换热器内部将出现很大的热应力，可能使管子弯曲、断裂或从管板上松脱。因此，当管束和壳体温度差超过 50℃ 时，应采取适当的温差补偿措施，消除或减小热应力。

（3）再沸器

热虹吸式再沸器实际上是一个靠液体的冷热对流来加热冷流体的换热器。热虹吸式再沸器依靠塔釜内的液体静压头和再沸器内两相流体的密度差产生推动力形成热虹吸式运动。热虹吸式再沸器以再沸器中气液混合物和塔底液体的密度差为推动力，增加流体在管内的流动速度，减少了污垢的沉积，提高了传热系数，装置紧凑，占地面积小。

热虹吸式再沸器可分为立式热虹吸式再沸器和卧式热虹吸式再沸器。一般立式热虹吸式再沸器的管程走工艺液体，壳程走加热蒸汽；卧式热虹吸式再沸器的蒸发侧不加限制，可以根据工艺要求，如蒸发量大小和是否容易结垢来选择流径。卧式热虹吸式再沸器的安装高度低于立式，其循环推动力较大，循环量也较大。立式相对卧式结构紧凑，占地面积小，传热系数高。立式的壳程不能机械清洗，不适宜高黏度或脏的传热介质。

再沸器应以调节冷凝液排放量来调节换热面积，从而达到调节热量的目的。

再沸器投用时应注意先进行暖管，再缓慢将蒸汽投入，防止管道液击或温差过大而损坏设备。

（4）离心泵

离心泵主要由叶轮、泵轴、泵壳、轴封及密封环等组成。一般离心泵启动前泵壳内灌满液体，当原动机带动泵轴和叶轮旋转时，液体一方面随叶轮做圆周运动，另一方面在离心的作用下自叶轮中心向外周抛出，液体从叶轮获得了压力能和动能，当液体流经涡壳到排液口时，部分动能将转变为静压能。在液体自叶轮抛出时，叶轮中心部分造成低压区，与吸入液面的压力形成压力差，于是液体不断地被吸入，并以一定压力排出。

① 泵的抽空。泵启动前没灌泵、进空气、液体不满或介质大量汽化，这种情况下，泵出口压力近似于零或接近泵入口压力，泵内压力降低，这叫抽空。抽空会让泵内接触零件和机械发生干摩擦或半干摩擦，加剧磨损或零件移位而损坏泵及密封。

② 泵的汽蚀。当泵内液体压力低于或等于该温度下的饱和蒸气压时，液体发生汽化，产生气泡，这些气泡随液体流到较高压力处受压迅速凝结，周围液体快速集中，产生水力冲击。由于水力冲击，产生很高的局部压力，连续打击在叶片表面上，这种高速、高压和高频的水力冲击，使叶片表面产生疲劳而剥蚀成麻点、蜂窝。这种汽化和凝结产生的冲击、剥蚀、振动和性能下降的现象称为汽蚀现象。汽蚀发展严重时，泵内液体的连续性流动遭到破坏，产生空洞部分，液流间断，振动噪声加剧，最后导致泵抽空断流。

5.3.3.2 实验基本原理

对于二元物系，如已知其气液平衡数据，则根据精馏塔的原料液组成、进料热状况、操作回流比及塔顶馏出液组成、塔底釜液组成可以求出该塔的理论板数 N_T。按照式（5-1）可以得到总板效率 E_T，其中 N_P 为实际塔板数。

$$E_T = \frac{N_T}{N_P} \times 100\% \tag{5-1}$$

部分回流时，进料热状况参数的计算式为：

$$q = \frac{c_{pm}(t_{BP} - t_F) + r_m}{r_m} \tag{5-2}$$

$$c_{pm} = c_{p1}M_1x_1 + c_{p2}M_2x_2 \quad [\text{kJ}/(\text{mol} \cdot \text{℃})] \tag{5-3}$$

$$r_m = r_1M_1x_1 + r_2M_2x_2 \quad (\text{kJ/mol}) \tag{5-4}$$

式中　t_F——进料温度，℃；

　　t_{BP}——进料的泡点温度，℃；

　　c_{pm}——进料液体在平均温度 $(t_F + t_{BP})/2$ 下的比热容，kJ/(mol·℃)；

　　r_m——进料液体在其组成和泡点温度下的汽化潜热，kJ/mol；

c_{p1}，c_{p2}——分别为纯组分1和组分2在平均温度下的比热容，kJ/(kg·℃)；

　r_1，r_2——分别为纯组分1和组分2在泡点温度下的汽化潜热，kJ/kg；

M_1，M_2——分别为纯组分1和组分2的摩尔质量，g/mol；

　x_1，x_2——分别为纯组分1和组分2在进料中的摩尔分数。

5.3.3.3 实验设备流程

精馏实验装置流程图见图 5-3。

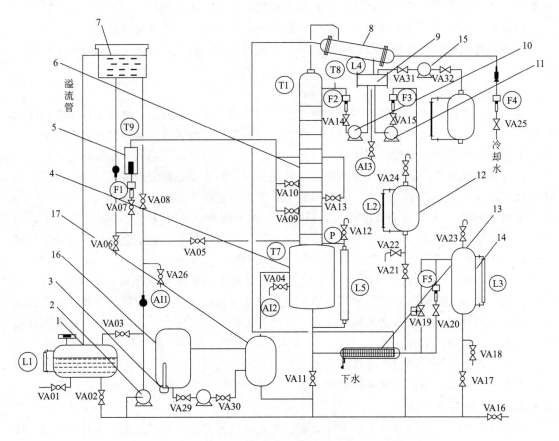

图 5-3 精馏实验装置流程图

1—储料罐；2—进料泵；3—加热器；4—塔釜；5—进料预热器；6—筛板精馏塔；7—高位槽；8—冷凝器；
9—回流罐；10—回流泵；11—采出泵；12—塔顶产品罐；13—塔釜冷凝器；14—塔釜产品罐；15—真空泵；
16—导热油罐；17—再沸器；F1—原料进料流量；F2—回流流量；F3—塔顶采出流量；F4—冷却水流量；
F5—塔底出料流量；P—塔压；T1—塔顶温度；T7—塔釜温度；T8—回流液温度；T9—进料温度；
AI1—原料浓度；AI2—塔釜浓度；AI3—塔顶浓度；L1—原料罐液位；L2—塔顶产品罐液位；
L3—塔底产品罐；L4—回流罐液位；L5—塔釜液位

5.3.3.4 实验试剂

① 实验物系：乙醇-正丙醇、苯-甲苯、乙醇-水。

② 实验物系平衡关系表，见表 5-1～表 5-3。其中，t 为温度，x 表示液相，y 表示气相。

表 5-1 乙醇-正丙醇 t-x-y 关系（以乙醇摩尔分数表示）

$t/℃$	97.60	93.85	92.66	91.60	88.32	86.25	84.98	84.13	83.06	80.50	78.38
x	0	0.126	0.188	0.210	0.358	0.461	0.546	0.600	0.663	0.884	1.0
y	0	0.240	0.318	0.349	0.550	0.650	0.711	0.760	0.799	0.914	1.0

注：乙醇沸点为 78.3℃；正丙醇沸点为 97.2℃。

表 5-2 苯-甲苯 t-x-y 关系（以苯摩尔分数表示）

$t/℃$	110.56	105.05	100.75	97.13	94.09	91.40	88.86	86.52	84.40	80.50	78.38
x	0	0.100	0.200	0.300	0.400	0.500	0.600	0.700	0.800	0.900	1.0
y	0	0.208	0.372	0.507	0.619	0.713	0.791	0.857	0.912	0.959	1.0

注：苯沸点为 80.1℃；甲苯沸点为 110.6℃。

表 5-3 乙醇-水 t-x-y 关系（以乙醇摩尔分数表示）

$t/℃$	100	95.50	89.00	85.30	82.70	81.50	80.70	79.70	78.74	78.41	78.15
x	0	0.019	0.072	0.124	0.234	0.328	0.397	0.520	0.676	0.747	0.894
y	0	0.170	0.389	0.470	0.545	0.593	0.612	0.660	0.739	0.782	0.894

注：乙醇沸点为 78.3℃；水沸点为 100℃。

③ 实验物系浓度要求：15%～35%（轻组分质量分数）。

5.3.4 实验方法及步骤

5.3.4.1 精馏塔单元基础操作

（1）实验装置实验前准备工作

开启总电源，检查水、电、仪表、阀、泵、储罐是否处于正常状态。

（2）开车操作

① 原料进料操作：

a. 打开储料罐出口阀 VA02，启动进料泵，半开进料泵回流阀 VA03，打开塔釜放空阀 VA12，打开塔釜直接进料阀 VA05，向塔釜加料至 2/3 位置；

b. 待塔釜料液到指定液位后，关闭阀门 VA05、VA12、VA03，再关闭进料泵开关，关闭储料罐出口阀 VA02。

② 全回流操作：

a. 打开塔顶冷凝器冷却水上水阀，调节冷却水流量 80～100L/h（减压操作时，需打开阀门 VA31，开启真空泵，开启阀门 VA32）；

b. 打开导热油罐出口阀 VA29，启动导热油泵，打开 VA30，导热油循环；

c. 打开导热油加热开关，设置导热油加热功率为 1.5kW，对塔内液体进行加热；

d. 待回流罐有一定料液后，启动回流泵，调节回流泵频率，控制回流量（8～15L/h），维持回流罐内液位稳定，待塔内系统稳定 10～15min 后记录相关数据。

③ 部分回流操作：

a. 打开储料罐出口阀 VA02，开启进料泵，半开进料泵回流阀 VA03，打开进料泵到高位槽的上料阀门 VA08，选择进料位置后，开启进料阀 VA09 或 VA10 或 VA13（三选一），打开原料进料流量调节阀 VA07，控制进料量为 4～6L/h；

b. 开启进料预热器，调节预热温度在 38℃左右；

c. 全开塔顶采出流量计阀门 VA15，启动采出泵；

d. 全回流操作下的回流流量，根据计算回流比分配回流流量和采出流量。控制回流比为 4，维持回流罐液位稳定；

e. 打开塔釜采出流量计阀门 VA20，调节采出流量（2～4L/h），待塔内稳定后，记录数据。

（3）实验结束

a. 关闭塔顶采出泵，关闭塔釜采出流量计阀门 VA20，切换到全回流状态；

b. 关闭进料预热器，关闭原料进料流量调节阀 VA07，关闭原料进料阀 VA09 或 VA10 或 VA13，关闭进料泵到高位槽的上料阀门 VA08，关闭进料泵；

c. 关闭导热油罐电加热，关闭 VA30，关闭导热油泵，关闭导热油罐出口阀 VA29；

d. 待塔顶温度降至 70℃ 以下，关闭冷却水上水阀；

e. 关闭进料泵回流阀 VA03，关闭储料罐出口阀 VA02；

f. 关闭回流泵，关闭回流流量计开关 VA14，关闭塔顶采出流量计阀门 VA15；

g. 关闭总电源。

5.3.4.2 异常情况及事故的紧急处理

（1）液泛

由于加热量偏大导致的液泛，降低导热油罐加热功率至 1.5kW。

（2）雾沫夹带

由于加热量太大导致的雾沫夹带，降低导热油罐加热功率至 1.5kW。

（3）严重漏液

由于加热量太小导致的严重漏液，增大导热油罐加热功率至 1.5kW。

（4）换热器结垢

换热器结垢后，需要停车清理，停车步骤如下：

a. 关闭塔顶采出泵；

b. 关闭塔釜采出流量计阀门 VA20，切换到全回流状态；

c. 关闭进料预热器；

d. 关闭进料流量计阀门；

e. 关闭原料进料阀 VA10；

f. 关闭进料泵到高位槽的上料阀门 VA08；

g. 关闭进料泵；

h. 关闭导热油罐电加热；

i. 关闭导热油泵；

j. 关闭 VA30；

k. 关闭导热油罐出口阀 VA29；

l. 待塔顶温度降至 70℃ 以下，关闭冷却水上水阀；

m. 关闭进料泵回流阀 VA03；

n. 关闭储料罐出口阀 VA02；

o. 关闭原料进料流量调节阀 VA07；

p. 关闭回流泵；

q. 关闭回流流量计开关 VA14；

r. 关闭塔顶采出流量计阀门 VA15；

s. 关闭精馏塔气体出口阀 VA28；

t. 关闭总电源。

（5）离心泵汽蚀

离心泵发生汽蚀后，需要停止后重新启动，具体步骤如下：

① 停止进料

a.关闭塔顶采出泵；

b.关闭塔釜采出流量计阀门 VA20，切换到全回流状态；

c.关闭进料预热器；

d.关闭进料流量计阀门；

e.关闭进料泵到高位槽的上料阀门 VA08；

f.关闭进料泵；

g.关闭储料罐出口阀 VA02；

h.关闭进料泵回流阀 VA03。

② 重启进料

a.打开储料罐出口阀 VA02；

b.开启进料泵；

c.半开进料泵回流阀 VA03；

d.打开进料泵到高位槽的上料阀门 VA08；

e.打开原料进料流量调节阀 VA07，控制进料量为 4～6L/h；

f.开启进料预热器；

g.启动采出泵；

h.打开塔釜采出流量计阀门 VA20，调节采出流量（2～4L/h）。

5.3.4.3 常压单元操作参数变化对精馏过程的影响

（1）精馏塔回流比

a.调节回流泵频率，控制回流量（9～9.5L/h）；

b.同时调节塔顶采出泵频率，控制塔顶采出量为 3～3.5L/h，调节回流比为 3，待塔稳定 10～15min 后，记录数据；

c.调节回流泵频率，控制回流量（8.0～8.5L/h）；

d.同时调节塔顶采出泵频率，控制塔顶采出量为 4.0～4.5L/h，调节回流比为 2，待塔稳定 10～15min 后，记录数据；

e.调节回流泵频率，控制回流量（6.0～6.5L/h）；

f.同时调节塔顶采出泵频率，控制塔顶采出量为 6.0～6.5L/h，调节回流比为 1，待塔稳定 10～15min 后，记录数据。

（2）精馏塔进料温度

a.减小进料预热加热频率，调节进料预热温度到 35℃，待塔稳定 10～15min 后记录数据。

b.减小进料预热加热频率，调节进料预热温度到 30℃，待塔稳定 10～15min 后记录数据。

c.减小进料预热加热频率，调节进料预热温度到 25℃，待塔稳定 10～15min 后记录数据。

（3）导热油加热功率

a.设置导热油加热功率为 1.7kW，精馏塔稳定 10～15min 后，记录数据。

b. 设置导热油加热功率为 1.9kW，精馏塔稳定 10~15min 后，记录数据。

c. 设置导热油加热功率为 2.1kW，精馏塔稳定 10~15min 后，记录数据。

5.3.4.4　设备参数对精馏过程的影响

可选择板式塔塔板数，操作步骤参考正常开停车步骤。

5.3.4.5　实验物系的变化对精馏过程的影响

可选实验物系包括乙醇-水、苯-甲苯，操作步骤参考正常开停车步骤。

5.3.4.6　不同压力（加压、减压）对精馏过程的影响

操作步骤参考正常开停车步骤。

5.3.5　数据处理

示例数据（表 5-4）仅供参考，以实际实验数据为准。

采用乙醇-正丙醇体系，乙醇摩尔质量 $M_1 = 46g/mol$，正丙醇摩尔质量 $M_2 = 60g/mol$。

表 5-4　数据处理示例

回流方式	全回流	部分回流
塔顶温度 t_D/℃	77.8	79.9
塔釜温度 t_W/℃	92	94.1
回流液温度 t_L/℃	30	30
进料温度 t_F/℃		38
塔釜压力 p/kPa	1.8	1.7
塔釜加热功率/kW	1.5	1.5
进料流量 F/(L/h)		5
回流流量 L/(L/h)	12.5	10.03
塔顶采出流量 D/(L/h)		2.66
塔釜采出流量 W/(L/h)		2.67
塔顶轻组分的质量分数 W_D/%	67.92	75.92
塔釜轻组分的质量分数 W_W/%	12.98	10.13
进料轻组分的质量分数 W_F/%		31.51
塔顶轻组分摩尔分数 x_D/%	73.42	80.44
塔釜轻组分摩尔分数 x_W/%	16.29	12.82
进料轻组分摩尔分数 x_F/%		37.50
回流比 R		3.77
进料泡点温度 t_{BP}/℃		88.20
进料与泡点的平均温度 t/℃		63.10
进料在平均温度下的比热容 c_{pm}/[kJ/(mol·℃)]		150.3
进料在泡点温度下的汽化潜热 r_m/(kJ/mol)		40815.27
进料热状况参数 q		1.18

（1）全回流条件下的总板效率

塔顶乙醇的摩尔分数为：

$$x_D = \frac{\dfrac{W_D}{M_1}}{\dfrac{W_D}{M_1} + \dfrac{1-W_D}{M_2}} = \frac{\dfrac{0.6792}{46}}{\dfrac{0.6792}{46} + \dfrac{1-0.6792}{60}} \times 100\% = 73.42\%$$

塔釜乙醇的摩尔分数为：

$$x_W = \frac{\dfrac{W_W}{M_1}}{\dfrac{W_W}{M_1} + \dfrac{1-W_W}{M_2}} = \frac{\dfrac{0.1298}{46}}{\dfrac{0.1298}{46} + \dfrac{1-0.1298}{60}} \times 100\% = 16.29\%$$

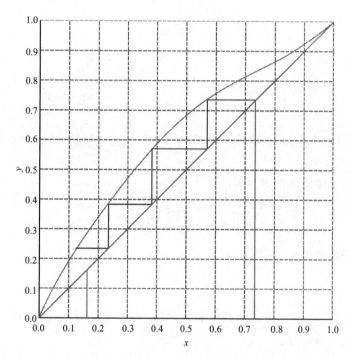

图 5-4　全回流下的理论板数图解曲线

由图 5-4 可得，全回流下的理论板数 $N_T = 4 - 1 = 3$。

则全回流总板效率：

$$E_T = \frac{N_T}{N_P} \times 100\% = \frac{3}{10} \times 100\% = 30\%$$

（2）部分回流条件下的总板效率

塔顶乙醇的摩尔分数为：

$$x_D = \frac{\dfrac{W_D}{M_1}}{\dfrac{W_D}{M_1} + \dfrac{1-W_D}{M_2}} = \frac{\dfrac{0.7592}{46}}{\dfrac{0.7592}{46} + \dfrac{1-0.7592}{60}} \times 100\% = 80.44\%$$

塔釜乙醇的摩尔分数为：

$$x_W = \frac{\dfrac{W_W}{M_1}}{\dfrac{W_W}{M_1} + \dfrac{1-W_W}{M_2}} = \frac{\dfrac{0.1013}{46}}{\dfrac{0.1013}{46} + \dfrac{1-0.1013}{60}} \times 100\% = 12.82\%$$

进料乙醇的摩尔分数为：

$$x_F = \frac{\dfrac{W_F}{M_1}}{\dfrac{W_F}{M_1} + \dfrac{1-W_F}{M_2}} = \frac{\dfrac{0.3151}{46}}{\dfrac{0.3151}{46} + \dfrac{1-0.3151}{60}} \times 100\% = 37.50\%$$

回流比：

$$R = \frac{L}{D} = \frac{10.03}{2.66} = 3.77$$

原料液的泡点温度为：

$$t_{BP} = 9.1389 \times x_F^2 - 27.861 \times x_F + 97.359$$
$$= 9.1389 \times 0.3750^2 - 27.861 \times 0.3750 + 97.359 = 88.20 \ (℃)$$

利用插值法查得 88.20℃ 下乙醇的摩尔汽化热为 $r_1 = 819.82 kJ/mol$，正丙醇的摩尔汽化热为 $r_2 = 711.29 kJ/mol$。

则进料在泡点温度的汽化潜热为：

$$r_m = r_1 M_1 x_F + r_2 M_2 (1-x_F)$$
$$= 819.82 \times 46 \times 0.3750 + 711.29 \times 60 \times (1-0.3750) = 40815.27 \ (kJ/mol)$$

进料温度和泡点温度的平均温度：

$$t = \frac{t_F + t_{BP}}{2} = \frac{38 + 88.20}{2} = 63.10 \ (℃)$$

利用插值法查得 63.10℃ 下乙醇的定压比热容 $c_{p1} = 2.80 kJ/(kg \cdot ℃)$，正丙醇的定压比热容 $c_{p2} = 2.72 kJ/(kg \cdot ℃)$。

在平均温度下原料的平均定压比热容为：

$$c_{pm} = c_{p1} M_1 x_1 + c_{p2} M_2 x_2$$
$$= 2.80 \times 46 \times 0.3750 + 2.72 \times 60 \times (1-0.3750) = 150.3 \ [kJ/(mol \cdot ℃)]$$

进料热状况参数：

$$q = \frac{c_{pm}(t_{BP} - t_F) + r_m}{r_m} = \frac{150.3 \times (88.20-38) + 40815.27}{40815.27} = 1.18$$

由图 5-5 可得，部分回流下的理论板数 $N_T = 7-1 = 6$。

则全回流总板效率：

$$E_T = \frac{N_T}{N_P} \times 100\% = \frac{6}{10} \times 100\% = 60\%$$

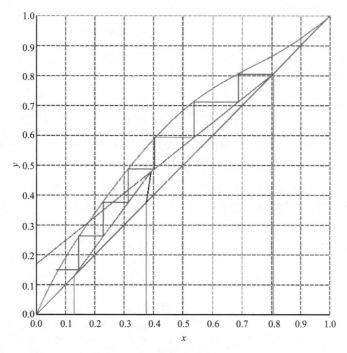

图 5-5　部分回流下的理论板数图解曲线

思 考 题

（1）影响精馏操作稳定的因素有哪些？维持塔稳定操作应注意哪些？如何判断塔的操作已达到稳定？

（2）在全回流条件下，改变加热功率对塔的分离效果有何影响？

（3）塔顶冷回流对塔内回流液量有何影响？如何校正？

（4）用转子流量计来测定乙醇水溶液流量，计算时应怎样校正？

（5）影响全塔效率的主要因素有哪些？

（6）消除液泛现象可（　　）。

  A. 加大冷却水流量   B. 减小上升蒸汽量

  C. 减小回流量   D. 减小进料量

（7）精馏实验中采用高位槽来进料的目的是（　　）。

  A. 维持液位稳定   B. 维持流量稳定

  C. 维持温度稳定   D. 维持浓度稳定

（8）回流液体温度可通过（　　）来控制。

  A. 上升蒸汽量   B. 进料量

  C. 冷却水流量   D. 采出量

（9）全回流时，y-x 图上精馏塔的操作线位置（　　）。

  A. 在对角线与平衡线之间   B. 与对角线重合

  C. 在对角线之下   D. 在平衡线之上

（10）在本实验室的精馏实验中，塔釜再沸器的加热方式是（　　）。

    A. 蒸汽　　　　　　　　　　　B. 热水

    C. 电加热　　　　　　　　　　D. 热油

（11）当采用冷液进料时，进料热状况（　　）。

    A. $q>1$　　　　　　　　　　B. $q=1$

    C. $q=0$　　　　　　　　　　D. $q<0$

（12）精馏塔操作时，若精馏段的高度已不能改变，则影响塔顶产品质量的诸因素中，影响最大而且最容易调节的是回流比，这种说法是（　　）的。

    A. 正确　　　　　　　　　　　B. 错误

（13）在实验记录和数据处理过程中，小数点后面的有效数字越多就越精确，这种说法是（　　）的。

    A. 正确　　　　　　　　　　　B. 错误

第6章
煤制油装置3D仿真实训

6.1 化工设备自动控制

仪表和计算机自动控制系统在化工过程中发挥着重要作用，可以强化化工流程的自动控制，是化工生产过程的发展趋势和方向。

化工流程自动化控制的优点：提高关键工艺参数的操作精度，从而提高产品质量或收率；保证化工流程安全、稳定运行；对间歇过程，还可减少批间差异，保证产品质量的稳定性和重复性；降低工人的劳动强度，减少人为因素对化工生产过程的影响。

6.1.1 泵的自动控制

6.1.1.1 离心泵

离心泵流程设计一般包括：

① 泵的入口和出口均需设置切断阀；

② 为了防止离心泵未启动时物料的倒流，在其出口处应安装止回阀；

③ 在泵的出口处应安装压力表，以便观察其工作压力；

④ 泵出口管线的管径一般与泵的管口一致或放大一挡，以减少阻力；

⑤ 泵体与泵的切断阀前后的管线都应设置放净阀，并将排出物送往合适的排放系统。

一般离心泵工作时，要对其出口流量进行控制，可以采用直接节流法、旁路调节法和改变泵的转速法。

直接节流法是在泵的出口管线上设置调节阀，利用阀的开度变化而调节流量，如图 6-1 所示。这种方法简单易行，得到普遍的采用，但不适宜于介质正常流量低于泵的额定流量的 30% 以下的场合。

旁路调节法是在泵的进出口旁路管道上设置调节阀，使一部分液体从出口返回到进口管线以调节出口流量，如图 6-2 所示。这种方法会使泵的总效率降低，它的优点是调节阀直径较小，可用于介质流量偏低的场合。

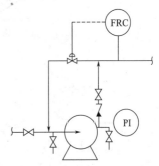

图 6-1　离心泵出口节流控制

当泵的驱动机选用汽轮机或可调速电机时就可以采用调节汽轮机或电机的转速以调节泵的转速，从而达到调节流量的目的。这种方法的优点是节约能量，但驱动机及其调速设施的投资较大，一般只适用于较大功率的机泵。当离心泵设有分支路时，即一台离心泵要分送几路并联管路时，可采用图 6-3 所示的调节方法。

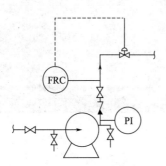

图 6-2 离心泵的旁路控制

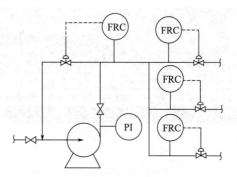

图 6-3 设有分支路的离心泵调节方法

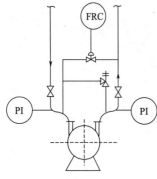

图 6-4 容积式泵的旁路调节

6.1.1.2 容积式泵（往复泵、齿轮泵、螺杆泵和旋涡泵）

当流量减小时容积式泵的压力急剧上升，因此不能在容积式泵的出口管道上直接安装节流装置来调节流量，通常采用旁路调节或改变转速、改变冲程大小来调节流程。图 6-4 是旋涡泵的流量调节流程，此流程亦适用于其他容积式泵。

6.1.1.3 真空泵

真空泵可采用吸入支管调节和吸入管阻力调节的方案，如图 6-5(a) 和（b）所示。蒸汽喷射泵的真空度可以用调节蒸汽的方法来调节，如图 6-6 所示。

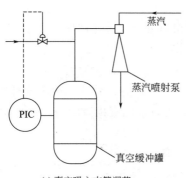

(a) 真空吸入支管调节

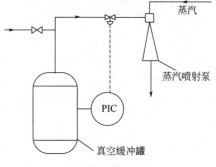

(b) 真空吸入管阻力调节

图 6-5 真空泵的流量调节

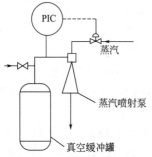

图 6-6 蒸汽喷射泵的蒸汽调节图

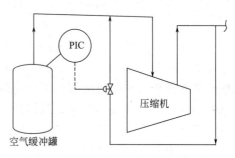

图 6-7 压缩机进口压力调节原理图

6.1.2 压缩机自动控制

① 压缩机的进出口管道上均应设置切断阀，但自大气抽吸空气的往复式空气压缩机的吸入管道上可不设切断阀。

② 压缩机出口管道上应设置止回阀。离心式氢气压缩机的出口管道，如压力等级大于或等于4MPa，可设置串联的双止回阀。

③ 氢气压缩机进出口管道上应设置双切断阀。多级往复式氢气压缩机各级间进出口管道上均应设置双切断阀。在两个切断阀之间的管段上应设置带有切断阀的排向火炬系统的放空管道。

④ 压缩机吸入气体中，如经常夹带机械杂质，应在进口管嘴与切断阀之间设置过滤器。

⑤ 往复式压缩机各级吸入端均应设置气液分离罐，当凝液为可燃或有害物质时，凝液应排入相应的密闭系统。

⑥ 离心式压缩机应设置反飞动放空管线。空气压缩机的反飞动线可接至安全处排入大气，有毒、有腐蚀性、可燃气体压缩机的反飞动线应接至工艺流程中设置的冷却器或专门设置的循环冷却器，将压缩气体冷却后返回压缩机入口切断阀上游的管道中。

⑦ 可燃、易爆或有毒介质的压缩机应设置带三阀组盲板的惰性气体置换管道，三阀组应尽量靠近管道成8字形的连接点处，置换气应排入火炬系统或其他相应系统。

为了使离心式压缩机正常稳定操作，防止端振现象的产生，单级叶轮压缩机的流量一般不能小于其额定流量的50%，多级叶轮（例如7~8级）的高压压缩机的流量不能小于其额定流量的75%~80%。常用的流量调节方法有入口流量调节旁路法、改变进口导向叶片的角度和改变压缩机的转速等。改变转速法是一种最为节能的方法，应用比较广泛。由于调节转速有一定的限度，因此需要设置放空设施。

压缩机的进口压力调节一般可采用在压缩机进口前设置一缓冲罐，从出口端引出一部分介质返回缓冲罐以调节缓冲罐的压力，见图6-7。

6.1.3 换热器自动控制

管壳式换热设备中管壳程流体的选择，应能满足提高总传热系数、合理利用压力降、便于维护检修等要求。为了提高换热效率，应尽量采用逆流换热流程。一般情况下，高压流体，有腐蚀性、有毒性、易结焦、易结垢、含固体物、黏度较小的流体以及普通冷却水等应走管程，要求压力降较小的流体一般可走壳程；进入并联的换热设备的流体应采用对称形式的流程，换热器冷、热流体进出口管道上及冷却器、冷凝器热流体进出口管道上均不宜设置切断阀，但需要调节温度或不停工检修的换热设备可设置旁路和旁路切断阀。两种流体的膜传热系数相差很大时，膜传热系数较小者可走壳程，以便选用螺纹管、翅片管或折流管等冷换设备。

（1）无相变的管壳式换热器流程情况

① 当热流温差（$T_1 - T_2$）小于冷流温差（$t_2 - t_1$）时，冷流体流量的变化将会引起热流体出口温度 T_2 的显著变化，调节冷流体效果较好，见图6-8。

② 当热流温差（$T_1 - T_2$）大于冷流温差（$t_2 - t_1$）时，热流体流量的变化将会引起冷流体出口温度 t_2 的显著变化，调节热流体效果较好，见图6-9。

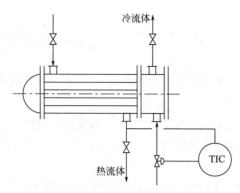

图 6-8　调节无相变的管壳式换热器
冷流体的方案

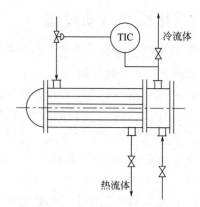

图 6-9　调节无相变的管壳式换热器
热流体的方案

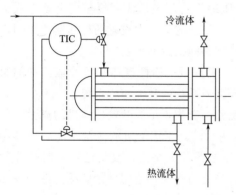

图 6-10　两个调节阀的调节方案

③ 当热流体进出口温差大于 150℃时，不宜采用三通调节阀，可采用两个两通调节阀，一个气开，一个气关，见图 6-10。

（2）一侧有相变的管壳式换热器流程情况

① 蒸汽冷凝供热的加热器，一般采用调节蒸汽的压力来改变其冷凝温度，从而调节加热器的温度差，来控制被加热介质的温度，见图 6-11。另一种方式是改变传热面积以控制冷介质的出口温度，这种方式是利用调节换热器中的冷凝水量来改变传热面积的，所以设计需增加一定的传热面积，见图 6-12。

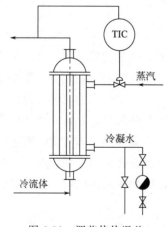

图 6-11　调节传热温差

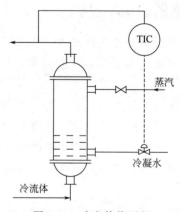

图 6-12　改变传热面积

② 再沸器常用的控制方式是将调节阀装在热介质管道上，根据被加热介质的温度调节热介质的流量，见图 6-13，当热介质的流量不允许改变时（如工艺流体），可在冷介质管道上设置三通调节阀以保持其流量不变，见图 6-14。

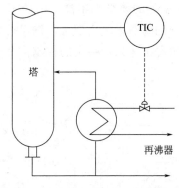
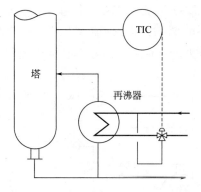

图 6-13　调节阀装在热介质管上　　　图 6-14　三通调节阀装在冷介质管上

（3）两侧有相变的管壳式换热器流程情况

两侧有相变的热交换器有用蒸汽加热的再沸器及蒸发器等，与一侧有相变的热交换器相类似，其控制方法是改变蒸汽冷凝温度，即改变其传热温差（调节阀装在蒸汽管道上）的方法；或是改变热交换器传热面积的方法（调节阀装在冷凝水管道上），其取温点设在精馏塔下部或其他相应位置上。

6.1.4　塔设备自动控制

精馏塔是用来实现分离混合物的传质过程设备，在化工、炼油厂中出现的较多。精馏塔的自控流程设计中应注意如下问题。

a. 当塔顶产品量少，回流罐内液位需要较长时间才能建立时，为缩短开工时间，宜在开工前预先装入部分塔顶物料，为此需考虑设置相应的装料管道。

b. 塔顶应设置供开停车、吹扫放空用的排气阀，阀门宜直接连接在塔顶开口处。

c. 塔底应设置供开停车的排液阀，阀门宜直接连接在塔底开口处。

d. 设有多个进料口的塔，其每条进料管道上均应设置切断阀。

e. 对于同一产品有多个抽出口的塔，每条抽出管道上均应设置切断阀。

f. 根据工艺过程要求向塔顶馏出线注入其他介质（如氨、缓蚀剂等）时，其接管上应设置止回阀和切断阀。

精馏塔的自动控制比较复杂，控制变量多，控制方案多，这里仅介绍压力、温度、进料量及液位的几种控制方法。

（1）塔顶的压力控制

精馏塔塔顶压力稳定是平稳操作的重要因素。塔顶压力的变化必将引起塔内气相流量和塔板上气-液平衡条件的变化，结果会使操作条件改变，最终将影响到产品的质量。因此，一般精馏塔都要设置压力控制系统，以维持塔顶压力的恒定。

塔顶气体不冷凝时，塔顶压力用塔顶线上调节阀调节，见图6-15。例如气体吸收塔。

塔顶气体部分冷凝时，压力调节阀装在回流罐出口不凝气线上，见图6-16。

塔顶气体全部冷凝时，塔顶压力调节可采用以下方法。

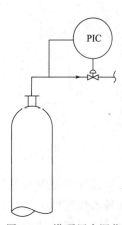

图 6-15　塔顶压力调节
（调节阀装在塔顶线上）

① 常压塔　在常压塔精馏过程中，一般对塔顶压力的要求都不高，因此不必设置压力控制系统，可在冷凝器或回流罐上设置一段连通大气的管道来平衡压力，以保持塔内压力接近于环境压力。只有在对压力稳定的要求非常高的情况下才采用一定的控制。

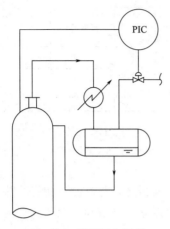

图 6-16　塔顶压力调节
（调节阀装在回流罐出口不凝气线上）

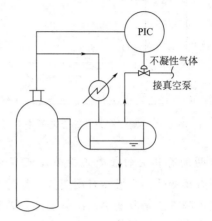

图 6-17　改变不凝性气体的抽吸量控制塔压

② 减压塔　减压塔真空度的获得一般都依靠蒸汽喷射泵或电动真空泵，因此减压塔真空度的控制涉及真空泵的控制。其控制方法有：

a. 改变不凝性气体的抽吸量，如图 6-17 所示。如果真空抽吸装置为蒸汽喷射泵，那么在真空度控制的同时，应在蒸汽管路上设置蒸汽压力控制系统，如图 6-18 所示，由于真空度与蒸汽压力之间有着严重的非线性关系，不宜用蒸汽压力或流量来直接控制真空度。如果真空抽吸装置采用的是电动真空泵，通常把调节阀安装在真空泵返回吸入口的旁路管线上，如图 6-19 所示。

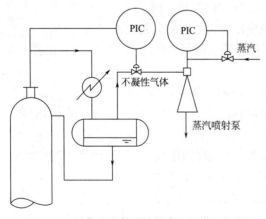

图 6-18　用蒸汽喷射泵控制真空的塔压控制

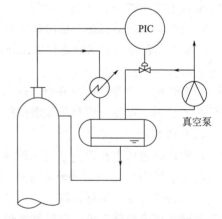

图 6-19　用电动真空泵控制真空的塔压控制

b. 改变旁路吸入空气或惰性气体量。在回流罐至真空泵的吸入管上，连接一根通大气或某种惰性气体旁路，并在该旁路上安装一调节阀，通过改变经旁路吸入的空气量或惰性气体量，即可控制塔的真空度，如图 6-20 所示。

③ 加压塔　加压塔操作过程中，压力控制非常重要，它不仅会影响到产品质量还关系

到设备和生产的安全。加压塔控制方案的确定，不仅与塔顶馏出物的状态是气相还是液相密切相关，而且还和塔顶馏出物中不凝性气体量的多少有关。下面仅讨论塔顶馏出物的状态是液相，即塔顶全凝，液相采出的情况。

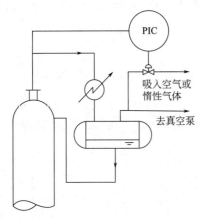

图 6-20　改变旁路吸入空气或惰性气体量控制塔压

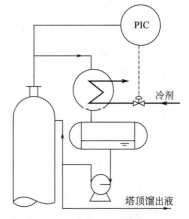

图 6-21　用冷剂量控制塔压的方案

a. 馏出物中不含或仅含微量不凝性气体。

当冷凝器位于回流罐上方时，可以采用以下各种方案来控制塔压。

方案一：用冷凝器的冷剂量来控制塔压，如图 6-21 所示。该方案的优点是所用的调节阀口径较小，节约投资，且可节约冷却水；缺点是冷凝速率与冷却水量之间为非线性关系。在冷却水量波动较大时，可设置塔压与冷却水量串级控制，以克服冷却水量波动对塔压的影响。

方案二：直接调节顶部气相流量来控制塔压，如图 6-22 所示。该方案的优点是压力调节快捷、灵敏，可调范围也大；缺点是所需调节阀的口径较大，而且在气相介质有腐蚀性时，需用价格昂贵的耐腐蚀性材质的调节阀。

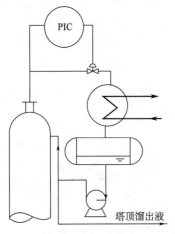

图 6-22　用塔顶气相流量控制塔压的方案

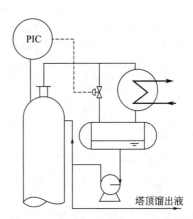

图 6-23　用热旁路方法控制塔压的方案

方案三：采用热旁路的方法控制塔压，如图 6-23 所示。该方案反应较为灵敏。

方案四：用冷凝器排液量与热旁路相结合的方法控制塔压，如图 6-24 所示。这时压力调节器的输出控制两只调节阀而构成分程控制，这样可以扩大调节阀的可调范围，缺点是需采用两个调节阀，增加了投资。

方案五：当冷凝器位于回流罐下方时，可采用浸没式冷凝器塔压控制方案，如图 6-25 所示。这时调节阀安装在通回流罐的气相管路上。这种控制方法，一般希望进入冷凝器的冷剂量大，保持过冷，用改变压差的方法使传热面积发生变化，以改变气相的冷凝量，从而达到控制塔压的目的。

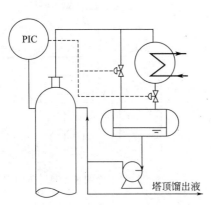
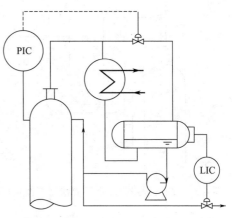

图 6-24　冷凝器排液量与热旁路相结合的方法控制塔压　　　图 6-25　浸没式冷凝器塔压控制方案

b. 馏出物中含有少量不凝性气体。

当塔顶气相中不凝性气体的含量小于塔顶气相总量的 2％ 时，或者在塔的操作中预计只在部分时间里产生不凝性气体时，就不能采用将不凝性气体放空的方法控制塔压。因为这样做损失太大，会有大量未被冷凝下来的产品被排放掉。此时可采用如图 6-26 所示的分程控制方案对塔压进行控制。首先用冷却水调节阀控制塔压，如冷却水阀全开塔压还降不下来时，再打开放空阀，以维持塔压的恒定。

c. 馏出物中有较多不凝性气体。

当塔顶馏出物中含有不凝性气体比较多时，塔压可以通过改变回流罐的气相排放量来实现，如图 6-27 所示。该方案适用于进料流量、组分、塔釜加热蒸汽压力波动不大，且塔顶蒸汽流经冷凝器的阻力变化也不大的条件下。因为只有这样，回流罐上的压力才可以代替塔顶的压力。如果冷凝器阻力变化值可能接近或超过塔压波动的最大值，此时回流罐上的压力就不能代表塔顶压力。

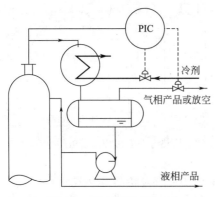
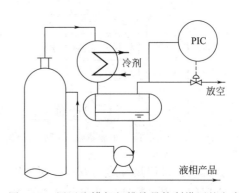

图 6-26　用分程控制方案　　　　　　　　　图 6-27　用回流罐气相排放量控制塔压的方案

（2）精馏塔的温度控制

① 分馏塔塔顶温度　一般是调节塔上段取出的热量进行控制，最常用的方法是调节塔顶冷凝液的回流量（见图6-28）或塔顶循环回流的流量。当塔顶产品纯度要求较高或接近纯组分时，回流量变化对塔顶温度影响较小，一般不直接控制塔顶温度，而使回流流量维持不变或采用塔上段温差控制。

② 再沸器温度　再沸器的温度调节阀一般装在热载体的管道上。对于液体热载体，调节阀一般装在出口管道上。对于蒸汽作热载体，调节阀一般装在进口蒸汽管上。但当被加热物料温度较低且选用的加热面积比需要的大得多时，如果调节阀装在进口蒸汽管上，蒸汽凝结温度可能接近被加热物料的温度，在该温度下蒸汽凝结水的平衡压力可能低于凝结水管网的压力，以致凝结水排出量不稳定，因而温度调节效果较差。

在这种情况下，可将调节阀装在出口凝结水管线上，见图6-29，通过改变再沸器内凝结水液位而改变加热面积，以控制加入热量，从而调节再沸器的温度。

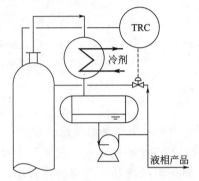 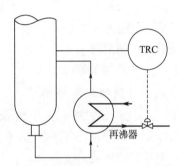

图 6-28　塔顶温度调节示意图　　　　图 6-29　再沸器温度调节示意图

（3）精馏塔流量的控制

精馏塔操作中的流量参数，即塔的进料量、回流量等均与塔的稳定操作直接相关，控制方法见图6-30和图6-31。

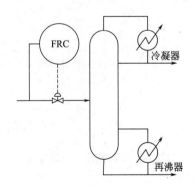 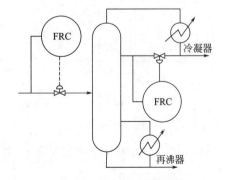

图 6-30　塔进料量的控制方案　　　　图 6-31　全凝器的回流量控制方案

（4）精馏塔的液位控制

在精馏塔的操作中，塔釜、回流罐、塔侧抽出斗、进料贮槽、成品贮槽等的液位必须设置相应的检测和控制系统。其中塔釜、回流罐的液位控制更加重要，见图6-32和图6-33。

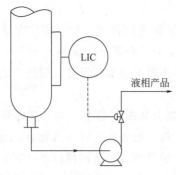

图 6-32　塔釜液位定值控制

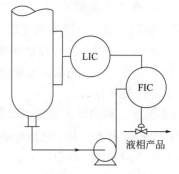

图 6-33　塔釜液位均匀控制

6.1.5　釜式反应器自动控制

化学反应是化工生产中一个比较复杂的单元，由于反应物料、反应的条件、反应速率及反应过程的热效应等不同，因此，各工艺过程的反应器是不同的，反应器的控制方案也就不会相同。但是，通过对各类反应器控制方案的分析归纳，可以找到它们的一些共同规律。根据对化学反应器控制的要求，在设计反应器的控制方案时应满足质量指标、物料平衡和能量平衡等要求，以及约束条件的要求。

（1）釜式反应器的温度控制

① 单回路温度控制方案　图 6-34 及图 6-35 所示为两个单回路温度控制方案，反应所产生的热量由冷却介质带走。图 6-34 方案的特点是通过冷却介质的温度变化来稳定反应温度。冷却介质采用强制循环式，流量大，传热效果好。但釜温与冷却介质温差比较小，能耗大。图 6-35 方案特点是通过控制冷却介质的流量变化，稳定反应温度。冷却介质流量相对较小，釜温与冷却介质温差比较大，当内部温度不均匀时，易造成局部过热或局部过冷。

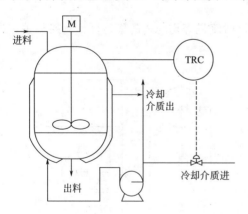

图 6-34　冷剂强制循环的单回路温度控制方案

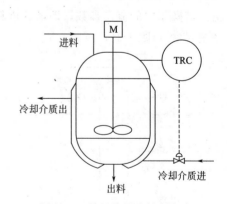

图 6-35　单回路温度控制方案

② 串级温度控制方案　图 6-36 和图 6-37 是两种串级温度控制方案。图 6-36 为反应温度与载热体流量串级，副参数选择的是载热体的流量，它对克服载热体流量和压力的干扰较及时有效，但对载热体温度变化的干扰却得不到反映。图 6-37 方案副参数选为夹套温度，它对载热体方面的干扰具有综合反映的效果，而且对来自反应器内的干扰也有一定的反映。

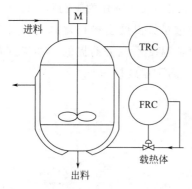

图 6-36 反应温度与载热体流量串级控制方案

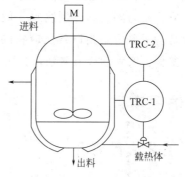

图 6-37 反应温度与夹套温度串级控制方案

（2）反应器进料流量的控制

反应器进料流量稳定不仅能保持物料平衡，还能保持反应所需的停留时间，避免由于流量变化使反应物带入的热量和放出的热量发生变化，从而影响到反应温度的变化。因此，对进料流量控制是十分必要的。

（3）多种物料流量恒定控制方案

当反应器为多种原料各自进入时，可采用如图 6-38 所示的控制方案。图中对每一物料都设置一个单回路控制系统，以保证各进入量的稳定，同时也保证了各反应物之间的静态关系。当参加反应的物料均为气相，且反应器压力变化不大时，一般也保证了反应时间。如果反应物有液相参与时，为保证反应时间，可增加反应器的液位控制。

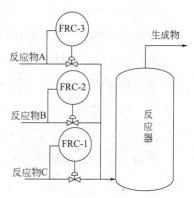

图 6-38 多种物料流量恒定控制方案

（4）多种物料流量比值控制方案

图 6-39 所示为物料流量比值控制方案。其中图 6-39（a）为两种物料流量比值控制方案，图 6-39（b）为多种物料流量比值控制方案。在这两种方案中 A 物料为主物料，B、C 为从动物料（亦称副物料），图中 KK、KK-1、KK-2 均为比值系数，根据具体的比值要求通过计算而设置。

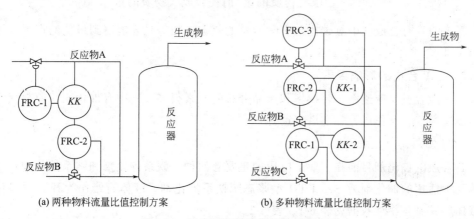

(a) 两种物料流量比值控制方案   (b) 多种物料流量比值控制方案

图 6-39 反应器物料流量比值控制方案

一般选择比较贵重的反应物或是对反应起主导作用的反应物作为主物料，除主物料之外的其他反应物则为副物料。副物料一般都允许适当过量，以便主物料得到充分的利用。图6-39 所示比值控制方案是以各反应物的成分、压力、温度不变为前提的。如果这些量变化较大时，要保证实际的比值关系，必须引入成分、压力和温度校正。

6.2 仿真实训

6.2.1 工艺流程简介

6.2.1.1 工作原理

费拖（也称 F-T）合成是 CO 和 H_2 在催化剂作用下，以液态烃为主要产品的复杂反应系统。总的来说，它是 CO 加氢和碳链增长反应。

F-T 合成的主反应：

生成烷烃：$nCO + (2n+1)H_2 \Longrightarrow C_nH_{2n+2} + nH_2O$

生成烯烃：$nCO + 2nH_2 \Longrightarrow C_nH_{2n} + nH_2O$

另外还有一些副反应，如：

生成甲烷：$CO + 3H_2 \Longrightarrow CH_4 + H_2O$

生成甲醇：$CO + 2H_2 \Longrightarrow CH_3OH$

生成乙醇：$2CO + 4H_2 \Longrightarrow C_2H_5OH + H_2O$

结炭反应：$2CO \Longrightarrow C + CO_2$

除了以上 6 个反应外，还有生成更高碳数的醇以及醛、酮、酸、酯等含氧化合物的副反应。

6.2.1.2 F-T 合成的理论产率

根据主反应计量式可以得到 $1m^3$（标准状态）合成气的烃类产率的通用计算式：

$$烃类产率 Y = (—CH_2—)_n \ 物质的量 \times (—CH_2—)_n \ 分子量 \times$$
$$合成气物质的量/消耗合成气物质的量$$

计算表明只有合成气中氢碳比与实际消耗的氢碳比相等时才能得到最佳的产率。用上式计算的 F-T 合成理论产率为 208.3。

6.2.1.3 F-T 合成的影响因素

影响费拖合成反应速率、转换率和产品分布的因素很多，其中有催化剂、原料气中的氢碳比、反应温度、操作压力、空塔气速等。

（1）催化剂

F-T 合成的催化剂目前在工业上应用的主要有两种，铁系催化剂和钴系催化剂。本仿真合成单元中适用的催化剂为 Syn-FT-I 型浆态床铁系催化剂，液体石蜡作为开工时催化剂的悬浮载体，其具体物性数据见表 6-1、表 6-2。

表 6-1　Syn-FT-I 型浆态床铁系催化剂的物性数据表

项目	指标	项目	指标
外观形状(显微镜 400 放大)	球形	自然堆密度/(cm^3/g)	0.9～1.4
颗粒直径/μm	20～200	表面积/(m^3/g)	90～300
颗粒直径<20μm 的占比	<10%	平均年消耗量/t	200～400
颗粒直径>20μm 的占比	<10%		

表 6-2　液体石蜡规格（首次开车用）

名称	指标	名称	指标
产品标准	WSI-80(B)-89	稠环芳烃	合格
固体石蜡	合格	相对密度(20℃)	0.83～0.86
酸度	中性	运动黏度(40℃)/(mm^2/s)	≥12
总硫含量	未检出	沸点/℃	340

（2）原料气中的氢碳比

对于生成烃类和水的反应，氢碳比的化学计量比是 2，而对于生成烃类和 CO_2 的反应这一比例是 0.5。不同类型的催化剂对原料气的氢碳比有不同的适用范围。同种催化剂，原料气的氢碳比不同会对目的产物分布有一定的影响。本仿真采用的 Syn-FT-I 型高温浆态床催化剂所适用的氢碳比范围为 1.4～1.8。

（3）反应温度

不同反应器类型和催化剂，反应温度范围不同，在相同反应器和催化剂条件下，反应温度不但影响反应速率，而且影响产物分布，所以，反应温度是关键工艺参数之一，必须严格控制。总的趋势是随反应温度的增加，CO 的转化率增加，气态烃产率增加，液态烃和石蜡产率降低。本仿真采用的 Syn-FT-I 型高温浆态床催化剂所适用的反应温度范围是 240～260℃。

（4）操作压力

由化学平衡分析可知，F-T 合成反应是体积缩小的反应，故增加压力有利于合成气向烃类的转化。铁催化剂在常压下几乎没有活性，表压达到 0.1MPa 后才开始显示活性，随压力增加，（H_2＋CO）转化率增加。本装置正常操作压力范围为 2.5～3.2MPa。

（5）空塔气速和空速

浆态床反应器的空塔气速指反应器内气体流速。空塔气速增高，液相夹带增加，空塔气速降低，反应器内催化剂床层分布不均。本装置空塔气速在 0.3～0.4m/s。

空速指单位催化剂处理合成原料气的能力。同种催化剂条件下，通过调整催化剂的装填量可以调整装置的生产能力，但最高装填量要受到空塔气速的限制。

6.2.1.4　工艺流程说明

来自净化单元的原料气，与来自合成气-循环气一次交换器 E202 的循环合成气混合后进入合成气进料蒸汽加热器 E101，加热到 230℃进入浆态床反应器 R101。

进入浆态床反应器 R101 的合成气以鼓泡的形式通过含催化剂的浆态床层，进行 F-T 合成反应。反应生成的轻质烃类化合物、合成水和未反应的合成气以气相形式从反应器的顶部导出，反应产生的重质烃类从反应器中部抽出送至重质蜡分离部分。

从反应器顶部导出的合成反应产物（2.8MPa、240℃）经过合成气冷却器 E201 冷却到235℃，然后进入合成气一次分离器 V201，分离器底部分离出的少量重质馏分油进入重油分离器 V202，气相进入合成气-循环气一次换热器 E202 与循环气换热到 2.68MPa、160℃，并冷凝出重质馏分油，再进入重质馏分油分离器 V301 进行气液分离，分离出来的重质馏分油减压到 0.15MPa 后进入重质馏分油减压罐 V601。

重质馏分油分离器 V301 的气相经过合成气-循环气二次换热器 E301 与循环气换热到126℃，然后与来自释放气压缩机的释放气混合，再经过合成气空冷器 A301 冷却到35℃后进入轻质馏分油分离器 V401，和主循环气压缩机入口分液罐 V402 进行气液分离。

主循环气压缩机入口分液罐 V402 气相分成两部分：

一部分送主循环气压缩机 C401，升压升温到 3.3MPa、68℃后与来自辅助循环气压缩机 C501 的脱碳循环气（3.3MPa、68℃）混合，混合后的循环气经合成气-循环气二次换热器 E301 换热到 105℃后，进入合成气-循环气一次换热器 E202 换热到 220℃，再与原料气混合后进入合成气进料蒸汽加热器 E101，加热到 230℃后进入浆态床反应器 R101，形成循环回路。

另一部分送脱碳工序，经脱碳单元返回，脱碳气（2.35MPa、40℃）进入脱碳气液分离罐 V501，分离出携带的少量液体后，进入辅助循环气压缩机 C501，经辅助循环气压缩机 C501 升压后与主循环气压缩机 C401 出口的循环气混合。

轻质馏分油分离器 V401 分离出的轻质馏分油进入轻质馏分油缓冲罐 V703，然后经轻质馏分油泵 P702，升压到 0.63MPa 后送到中间罐区。合成水进入合成水缓冲罐 V702，然后经合成水泵 P701，升压到 0.73MPa 后送到中间罐区。

重质馏分油分离器 V301 的重质油和来自精过滤单元的过滤蜡释放气、来自重质蜡分离部分的重质油、重质蜡释放气四股物料一起进入重质馏分油减压罐 V601。重质馏分油减压罐 V601 的液相进入重质馏分油缓冲罐 V602，然后经重质馏分油泵 P601 升压到 0.65MPa后送到油品加工或经重质油冷却器 E603 至罐区。

重质馏分油减压罐的气相与来自脱碳单元的富液闪蒸汽混合，进入释放气冷却器 E602冷却到 35℃后进入轻质馏分油油水分离器 V701。

轻质馏分油油水分离器 V701 的气相进入释放气缓冲罐 V801，分离出携带的少量液体后，进入释放气压缩机 C801。释放气压缩机 C801 出口的气体（2.7MPa、100℃）与来自合成气-循环气二次换热器 E301 的合成气混合后进入合成气空冷器 A301。

浆态床反应器通过上下两段换热系统将 F-T 合成反应热移出，保持反应器温度稳定。

从汽包 V101、V102 来的高温高压水（1.83MPa、199℃）通过汽包循环泵 P101、P102泵送入浆态床反应器 R101 上、下段换热器入口，换热器出口的汽水混合物返回汽包 V101、V102。蒸汽在汽包 V101、V102 分离后进入蒸汽管网。

汽包补充水为来自系统管网的 5.6MPa、158℃除氧水。

6.2.1.5　复杂控制说明

如果系统中不只采用一个控制器，而且控制器间相互串联，一个控制器的输出作为另一个控制器的给定值，这样的系统称为串级控制系统。

例如：合成水缓冲罐 V702 罐内的液位控制 LIC701 和出液的流量控制 FIC701 构成串级控制，LIC701 是主表，FIC701 是副表。FIC701 调节出料量，通过出料流量的调节进而控制缓冲罐的液位。

6.2.1.6　正常生产操作与维护

正常生产时系统主要控制因素为反应器温度、压力、液位，各换热器进出流体的温度，以及各分离器液位，压缩机入口、出口的温度和压力等。

（1）反应器床层温度调节

① 费拖合成反应是强放热反应，反应热能否及时移出对 F-T 反应影响较大，若调节不及时会使催化剂过热而失活。应随时注意反应器内上下层各点温度的变化并及时调节，严格控制各层温度在工艺指标范围内。

② 正常操作时反应器内温度升降主要受以下条件影响：

a. 汽包压力变化；

b. 原料气流量变化；

c. H_2/CO 比例；

d. 反应器系统压力。

操作中要密切注意这些条件变化。

③ 反应器内上下段温度 TIC104、TIC105 是通过上下段汽包的压力来调节的。汽包压力上升，反应器温度升高；汽包压力降低，反应器温度降低。在操作时，若反应器温度升高，则降低汽包压力；若反应器温度降低，则提高汽包压力。因此汽包压力是合成反应器温度调节的重要参数。

合成反应器的温度调节分两种模式：一是自动模式，是通过合成气反应温度反馈到汽包压力，再通过直接调节汽包压力来控制反应器温度。二是手动模式，通过直接调节汽包压力来控制反应器温度。两种模式根据实际操作情况确定。

④ 在通过调节汽包压力来调节浆态床反应器温度的同时，也要兼顾调节反应器入口原料气的温度，此时通过调节 TV101 来调节反应器入口原料气的温度，使反应器入口原料气温度稳定在给定范围。

（2）反应器压力调节

浆态床反应器压力是 F-T 合成反应另一个重要的控制参数。脱碳系统压力正常时，通过设置在油洗单元的脱碳气入口调节阀 PV401 调节主循环气压缩机入口分液罐压力来实现。

（3）反应器液位调节

反应器液位的高低直接反映重质蜡产量和重质蜡分离量的平衡关系。反应器的重质蜡过滤器设置在反应器内部，整个分离系统是一个顺序程序控制。

6.2.2　工艺卡片

（1）设备列表

位号	名称	位号	名称
V101	汽包1	V301	重质馏分油分离器
V102	汽包2	V401	轻质馏分油分离器
V201	合成气一次分离器	V402	主循环气压缩机入口分液罐
V202	重油分离器	V501	脱碳气液分离罐

位号	名称	位号	名称
V601	重质馏分油减压罐	P102A/B	下段汽包循环泵
V602	重质馏分油缓冲罐	P601A/B	重质馏分油泵
V701	轻质馏分油油水分离器	P701A/B	合成水泵
V702	合成水缓冲罐	P702A/B	轻质馏分油泵
V703	轻质馏分油缓冲罐	A301	合成气空冷器
V801	释放气缓冲罐	C401	主循环气压缩机
R101	浆态床反应器	C501	辅助循环气压缩机
E101	合成气进料蒸汽加热器	C801	释放气压缩机
E201	合成气冷却器	M401	C401 的电机
E202	合成气-循环气一次换热器	M501	C501 的电机
E301	合成气-循环气二次换热器	M801	C801 的电机
E602	释放气冷却器	X101	开工喷射器 1
E603	重质油冷却器	X102	开工喷射器 2
P101A/B	上段汽包循环泵		

（2）控制仪表

点名	单位	正常值	控制范围	描述
PIC401	MPa	2.43	2.4~2.46	V402 的出口压力控制
PIC402	MPa	3.3	3~3.6	C401 的出口压力控制
PIC501	MPa	3.3	3~3.6	C501 的出口压力控制
PIC801	MPa	0.1	0.09~0.11	V801 的出口压力控制
PIC802	MPa	2.7	2.65~2.75	C801 的出口压力控制
FIC101	m^3/h(标准状态)	76154	75924~76384	R101 原料气进料量控制
FIC401	m^3/h(标准状态)	239187	238687~239687	V401 的出料量控制
FIC501	m^3/h(标准状态)	40259	40000~40400	V501 的出料量控制
FIC701	kg/h	18478.3	18000~18800	V702 的出料量控制
FIC702	kg/h	6513.16	6000~7000	V703 的出料量控制
FIC801	m^3/h(标准状态)	1112.00	1100~1125	C801 进 A301 释放气流量控制
TIC101	℃	230	228~232	R101 进料量温度控制
TIC102	℃	199	197~201	V101 的温度控制
TIC103	℃	199	197~201	V102 的温度控制
TIC104	℃	240	238~242	R101 上段温度控制
TIC105	℃	240	238~242	R101 下段温度控制
TIC201	℃	235	233~237	出 E201 合成气的温度控制
TIC202	℃	160	155~165	出 E202 合成气的温度控制
TIC301	℃	35	33~37	出 A301 合成气的温度控制
TIC601	℃	35	33~37	出 E602 混合气的温度控制

点名	单位	正常值	控制范围	描述
LIC101	%	50	45～55	V101 的液位控制
LIC102	%	50	45～55	V102 的液位控制
LIC301	%	50	45～55	V301 的液位控制
LIC401	%	50	45～55	V401 的液位控制
LIC402	%	50	45～55	V402 的液位控制
LIC601	%	50	45～55	V602 的液位控制
LIC701	%	50	45～55	V702 的液位控制
LIC702	%	50	45～55	V703 的液位控制

（3）显示仪表

点名	单位	正常值	描述
PI101	MPa	2.8	R101 塔顶压力
PI102	MPa	3.2	原料气进口压力
PI103	MPa	1.83	汽包 V101 的压力
PI104	MPa	1.83	汽包 V102 的压力
PI201	MPa	2.77	V201 内部压力
PI202	MPa	2.74	出 E202 循环气的压力
PI301	MPa	2.64	V301 出口压力
PI302	MPa	3.2	出 E301 循环气压力
PI303	MPa	0.15	V601 入口压力
PI304	MPa	2.58	出 E301 合成气压力
PI306	MPa	2.53	出 A301 合成气压力
PI401	MPa	2.48	V401 出口压力
PI501	MPa	2.53	V501 出口压力
PI601	MPa	0.15	V601 出口压力
PI701	MPa	0.11	V701 内部压力
TI201	℃	235	V201 气体出口温度
TI202	℃	220	出 E202 循环气的温度
TI301	℃	160	V301 气体出口温度
TI302	℃	105	出 E301 循环气的温度
TI304	℃	126	出 E301 合成气的温度
TI306	℃	35	V401 入口气体的温度
TI401	℃	35	V401 气体出口的温度
TI402	℃	68	主压缩机 C401 出口温度
TI501	℃	40	V501 气体出口的温度
TI502	℃	68	压缩机 C501 出口温度
TI601	℃	160	V601 气体出口的温度
TI602	℃	35	出 E602 气体的温度

6.2.3 3D 虚拟仿真软件

6.2.3.1 软件基本操作

① 进入场景界面：正在打开 3D 场景，如图 6-40 所示。

图 6-40 打开 3D 场景

② 人物控制：键盘 W（前）、S（后）、A（左）、D（右）键，鼠标右键（视角旋转）。

③ 奔跑：按下 Ctrl 键，可以切换至奔跑模式；再按下 Ctrl 键，可切换至走路模式。

④ 镜头调整：鼠标滚轮调整视角远近。

⑤ 飞行模式：按下 Q 键，可以切换至飞行模式，该模式下通过 W、S、A、D 键调整飞行方向，鼠标右键调整飞行视角。

⑥ 知识点查看：右击"设备"弹出设备介绍，点击可以查看。

⑦ 现场仪表近距离观察：右击"现场仪表"弹出近距离观察，点击可以查看仪表示数。

⑧ 阀门操作：单击需要操作的阀门，即可弹出阀门操作界面。

⑨ 模型管理器：右上角的最小化键，单击后模型管理器小弹窗最小化，在电脑右下角找到骰子图标 ，右击，选择"显示管理"界面，则模型管理器弹窗又出现。

右上角的×键，是退出软件键，关闭软件时，点击×键，弹出是否要退出提示弹窗，点击"是"则退出软件，点击"否"则继续使用软件。

6.2.3.2 详细使用说明

① 人物信息：显示当前操作人员的具体信息、岗位、血量等，点击不同的角色头像，可切换至相应的角色控制，如图 6-41 所示。

② 全景地图功能：点击全景按钮可以打开大地图模式，可进行阀门和设备的搜索，如图 6-42 所示。

图标显示：可选择显示全部、只显示设备或只显示 NPC 等。

图 6-41　人物信息

NPC＋设备列表：可从下拉菜单中选择，选中的物体位置会出现闪动。

关键字搜索：可进行阀门和设备的查找，支持位号和中文名称搜索。

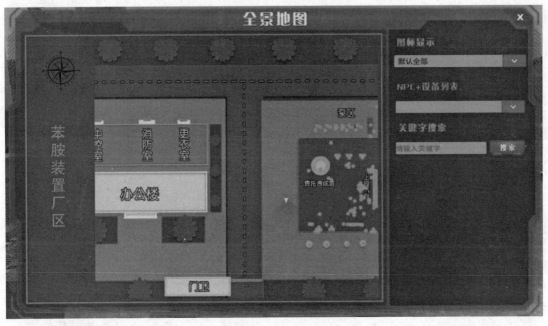

图 6-42　全景地图功能

③ 功能菜单。

工艺：可查看此单元的生产工艺讲解。

知识点：点击可查看每个设备的知识点，点击"结构组成"可查看当前设备的视频介绍，通过 Esc 键可以退出视频播放界面，如图 6-43 所示。

设置：根据操作习惯调整系统设置。

图 6-43　知识点

④ 对话界面：点击左下角聊天信息的右侧"指令"，出现对讲机"预制指令方案"中的预设内容，选择对话内容，点击"发送"，即表示当前人物发送了相应的消息（图6-44）。此外，还可以进行自由对话，通过左下角文本框，输入任意文字，点击右侧"发送"即可。

图 6-44　对话界面

⑤ 事故触发：软件中，所有的事故触发条件是，在 3D 场景中，点击相应的事故确认按钮，点击之后，事故才触发，点击之前事故不触发。如图 6-45 所示。

图 6-45　事故触发

6.2.4　操作规程

6.2.4.1　冷态开车操作规程

（1）开车具备的条件

① 合成工段内的设备管线都按照工艺和仪表图正确安装结束；

② 装置内的管道清洗、吹扫、气密结束；

③ 装置内的所有运转设备都已经单试合格、备用；

④ 装置内的非操作盲板都已经拆除；

⑤ 装置内的安全阀门全部调试合格并已经安装到位；

⑥ 合成汽包系统清洗完毕，具备开车条件；

⑦ 公用工程中的水、电、气、汽等各种物料都能够正常供应；

⑧ 装置内除仪表阀门外，其他阀门都处于关闭状态；

⑨ 装置内的场地干净，道路畅通，通信照明良好；

⑩ 操作人员配备上岗及安全作业证件，记录报表齐全；

⑪ 合成塔内催化剂填装完毕。

（2）系统氮气置换

① 打开 E201 冷却水给水阀 TV201I、TV201O、TV201，给 TIC201 开度 50%；

② 打开重质馏分处理工段冷却水给水阀 VI4V601、TV601 及其前后截止阀 VI1E603。

以上各项准备工作完成，具备开车条件后，即可对全系统作 N_2 置换：

a. 整个合成系统以 0.5MPa 氮气作为置换介质；

b. 分别打开 VI2E101、VI1V801，向合成系统及释放气系统内充 N_2；

c. 分别打开 VO1V201、VI1V201、VO1V202；

d. 当合成系统内的 PIC401 压力达到 0.5MPa 时，关闭 VI2E101，停止充 N_2；缓慢打开放空阀 PV401 及其前后截止阀，进行泄压至 0.1MPa，关闭放空阀 PV401；

e. 当释放气处理系统的 PIC801 压力达到 0.1MPa 时，关闭 VI1V801，停止充 N_2；打开放空阀 VO2V601，进行泄压至 0.02MPa，关闭放空阀 VO2V601。

（3）氢气置换

① 合成系统以氢气作为置换介质，采用充压置换；

② 打开 VI1E301 向系统充氢气，系统压力达到 0.5MPa，关闭手操阀 VI1E301；

③ 打开 PV401 泄放系统压力，降压至 0.2MPa，关闭 VO2V402；确认取样分析 N 含量小于 1%，不合格重复以上置换过程。

（4）引锅炉水

① 在完成上述工作后往汽包系统注水，分别打开 LV101I、LV101O、LV101、LV102I、LV102O、LV102；

② 根据要求投用开工蒸汽调节阀 PV101、PV102；

③ 分别打开 TV102I、TV102O、TV102、TV103I、TV103O、TV103，向汽包引入开工蒸汽来给反应器加热，调节 TV102、TV103 的开度，使 TIC102、TIC103 接近 199℃，投自动控制温度在 199℃；

④ 手动调节汽包 V101、V102 的液位 LIC101、LIC102 保持在 45%～55%。

（5）合成系统升压

① 打开 VI1V501 向脱碳气液分离罐 V501 引入脱碳尾气，打开出液阀 VO1V501；

② 当 V501 压力达到 0.8MPa 时，按照辅助循环气压缩机开车程序开启辅助循环气压缩机；

③ 全开反飞动阀 PV501，打开入口阀 VI1C501，启动压缩机 C501，打开出口阀 VO1C501，给脱碳至合成界区调节阀 FIC501 小开度；

④ 根据工艺需要调节辅助循环气压缩机 C501，开大 FIC501，使系统逐渐升压；

⑤ 在 PIC501 压力接近 3.3MPa 时，通过调节 PIC501 的开度及 FIC501 的流量，控制 PIC501 显示值在 3.3MPa，FIC501 的流量显示值 PV 在 40259.0m³/h（标准状态）；

⑥ 重质馏分处理系统，分别打开 VI1V601、VI2V601、VI3V601、VI2E602；

⑦ 打开 V801 的卸液阀 VO1V801；

⑧ 全开 PV802；

⑨ 打开释放气压缩机 C801 入口阀 VI1C801，启动压缩机 C801，打开出口阀 VO1C801；

⑩ 打开 FV801I、FV801O、FV801，给 FV801 很小开度；

⑪ 打开 PI801I、PI801O，PIC801 的 PV 显示 0.06MPa 时投自动；

⑫ 调节 PIC802，控制 PIC802 显示值在 2.7MPa，FIC801 的 PV 显示值在 1112m³/h（标准状态）；

⑬ 启动合成气空冷器 A301，开始给 TIC301 的 OP 开度在 50% 左右，维持 TIC301 的 PV 在 35℃ 左右，TIC301 投自动；

⑭ 全开 PV402，打开主压缩机 C401 入口阀 VI1C401，启动 C401，打开出口阀

VO1C401，调节阀 FIC401 小开度；

⑮ 根据工艺需要调节-循环气压缩机 C401，逐渐开大 FIC401，使流量值慢慢靠近 239187m³/h（标准状态）；调节 PIC402，控制气体返回量，在 PIC402 压力接近 3.3MPa 时，通过调节 PIC401 的开度及 FIC401 的流量，控制 PIC401 显示值在 2.43MPa，FIC401 的流量显示值 PV 在 239187m³/h（标准状态），PIC402 投自动，设定值为 3.3MPa，FIC401 投自动，设定值为 239187m³/h（标准状态）；

⑯ 合成气经浆态床反应器 R101、合成气冷却器 E201、合成气一次分离器 V201、合成气-循环气一次换热器 E202、重质馏分油分离器 V301、合成气-循环气二次换热器 E301、合成气空冷器 A301、轻质馏分油分离器 V401 至主循环气压缩机入口分液罐 V402，随着主循环气压缩机入口分液罐 V402 出口压力不断升高，通过调节压力控制阀 PIC401，控制系统压力稳定在 2.43MPa，投自动。

（6）合成系统升温

① 打开 TIC202 前后阀 TV202I、TV202O，给 TIC202 的 OP 10% 的开度；

② 系统正常循环后，按照换热器的投用程序，投用合成气进料蒸汽加热器 E101 壳程 3.5MPa 蒸汽，打开 TIC101 前后阀 TV101I、TV101O，调整流量调节阀 TV101 的开度，给浆态床反应器加热升温，最终控制 TIC101 的 PV 显示值在 230℃；

③ 打开入口阀 VIP101A/B，启动泵 P101A/B，打开出口阀 VOP101A/B，打开 VI1R101，TV102 投手动，稍开 TV102，维持 V101 液位不要涨太高，为上段费拖合成塔加热升温；

④ 打开入口阀 VIP102A/B，启动泵 P102A/B，打开出口阀 VOP102A/B，打开 VI2R101，TV103 投手动，稍开 TV103，维持 V102 液位不要涨太高，为下段费拖合成塔加热升温；

⑤ 当反应器上升气 TI101 温度显示达到 180℃后，打开 VI1E101、FV101，向系统注入原料气投料，开始反应，打开 VO3R101，生成的重质蜡去重质蜡处理系统；

⑥ 开启上段汽包控制阀 PV101 及其前后阀 PV101I、PV101O，PIC101 在汽包的温度稳定在 199℃并且压力达到 1.83MPa 时，投自动，设定为 1.83MPa；

⑦ 开启下段汽包控制阀 PV102 及其前后阀 PV102I、PV102O，PIC102 在汽包的温度稳定在 199℃并且压力达到 1.83MPa 时，投自动，设定为 1.83MPa；

⑧ 同时控制 LIC101、LIC102 的 PV 显示值在 50%，保持上下段汽包的液位。

（7）调整操作

① 反应器 R101 的控制：PI101 的 PV 显示值在 2.8MPa 左右。

② 合成气一次分离控制：

a. 调节 TIC201 控制 E201 出口合成气的温度在 235℃时，投自动，控制合成气温度在 235℃；

b. 合成气一次分离器气相出口 PI201 在 2.77MPa，TI201 在 235℃；

c. 调节 TIC202 控制合成气出口温度是 160℃，投自动，循环气出口温度 TI202 显示值是 220℃。

③ 分离控制：

a. 打开 LV301I、LV301O、LV301，调节 LIC301，LIC301 的 PV 在 50％时，投自动，控制重质馏分油分离器 V301 液位维持在 50％；

b. TIC301 的 PV 显示值 35℃左右时，投自动，控制空冷器合成气出口温度在 35℃；

c. 打开 LV401I、LV401O、LV401，调节 LIC401，LIC401 的 PV 在 50％时，投自动，控制轻质馏分油分离器 V401 液位在 50％；

d. 打开 LV402I、LV402O、LV402，调节 LIC402，LIC402 的 PV 在 50％时，投自动，控制主循环气压缩机入口分液罐 V402 液位在 50％。

④ 重质馏分处理：

a. 当 V601 液位显示 LI601 的 PV 达到 30％时，打开 VO1V601；

b. 当 V602 液位达到 30％时，打开泵 P601A/B 的入口阀 VIP601A/B，启动泵 P601A/B，打开出口阀 VOP601A/B；

c. 打开 LV601I、LV601O、LV601，当 LIC601 的显示值在 50％，投自动，控制 V602 的液位在 50％。

⑤ 轻质馏分油水分离：

a. 当 LI701 液位达到 30％时，打开 VO1V701 向 V702 注液；

b. 当 LI702 液位达到 30％时，打开 VO2V701 向 V703 注液；

c. 当 V702 液位达到 30％左右时，打开 P701A/B 入口阀 VIP701A/B，启动 P701A/B，打开出口阀 VOP701A/B，打开 FV701I、FV701O、FV701，调节 V702 液位在 50％，FIC701 显示值在 18478.3kg/h，投串级；

d. 当 V703 液位达到 30％左右时，打开 P702A/B 入口阀 VIP702A/B，启动 P702A/B，打开出口阀 VOP702A/B，打开 FV702I、FV702O、FV702，调节 V703 液位在 50％，FIC702 显示值在 6513.16kg/h，投串级。

6.2.4.2 正常停车操作规程

（1）系统降温

① 关闭 TV102I、TV102O、TV103I、TV103O；

② PIC101、PIC102 投手动，通过增大 PV101、PV102 的开度，降低上下段汽包压力来调节反应器温度；

③ TIC201、TIC202、TIC301、PIC401、PIC402 投手动，全开 TIC201；

④ TIC101 投手动并关闭，让反应器缓慢降温。

（2）系统降压

① PIC501、FIC501 投手动，打开放空阀 FV502，关闭 C501 的出口阀 VO1C501、FIC501；

② 停压缩机 C501；

③ 关闭 V501 脱碳气进口阀 VI1V501，关闭 VO1V501，关闭 PIC501；

④ 待压缩机出入口无压差后，关闭入口阀 VI1C501；

⑤ FIC801、PIC801、PIC802 投手动；

⑥ 打开放空阀门 FV802，关闭 C801 出口阀 VO1C801；

⑦ 关闭 VI2V601、VI3V601、VI2E602、VI1V601，关闭 VO1V801；

⑧ 停释放气压缩机 C801；

⑨ 关闭反飞动阀门 PIC802，待出、入口无压差后，关闭 C801 入口阀 VI1C801；

⑩ 关闭 FV801 及其前后截止阀，关闭 PV801 及其前后截止阀；

⑪ 打开 VI1V801，用 N_2 吹扫；

⑫ 打开 VO2V601，置换合格后（大约置换 10s），最后控制释放气系统内的压力在 0.02～0.04MPa；

⑬ 关闭 VI1V801、VO2V601；

⑭ 适当开大 PIC401，给系统缓慢泄压；

⑮ FIC 投手动并关闭，停原料气；

⑯ 关闭 VI1E101、TV101I、TV101O、VO3R101；

⑰ 开大反飞动阀 PIC402；

⑱ 停主循环气压缩机 C401；

⑲ 关闭 FIC401，关闭反飞动阀 PIC402；

⑳ 当系统压力降至 0.2MPa 时，打开 VI2E101，用 N_2 吹扫；

㉑ 置换合格后（大约置换 10s），最后控制系统压力在 0.2～0.5MPa；

㉒ 关闭 PV401、VI2E101；

㉓ 关闭 TV202 及其前后截止阀。

（3）系统泄液

① 调节阀 LIC301、LIC401、LIC402 等投手动，逐级向下级设备排净 V301、V401、V402、V601、V701、V702、V703 内的液体产品；

② 确定 V301 内无液体时，关闭 LV301I、LV301、LV301O；

③ 确定 V401 内无液体时，关闭 LV401I、LV401、LV401O；

④ 确定 V402 内无液体时，关闭 LV402I、LV402、LV402O；

⑤ 确定 V601 内无液体时，关闭 VOIV601；

⑥ 确认 V602 内无液体时，关闭泵 P601A 出口阀 VOP601A，停泵 P601A，关闭入口阀 VI1P601A，关闭 LV601I、LV601、LV601O。

（4）油水分离部分停车

① 确定 V701 内无液体时，关闭 VO1V701、VO2V701；

② 确定 V702、V703 内无液体时，关闭泵 P701A 出口阀 VOP701A，停泵 P701A，关闭入口阀 VI1701A，关闭 FV701I、FV701、FV701O；

③ 关闭泵 P702A 出口阀 VOP702A，停泵 P702A，关闭入口阀 VI1702A，关闭 FV702I、FV702、FV702O。

（5）汽包系统泄液

① LIC101、LIC102 投手动，关闭 LV101I、LV101、LV101O、LV102I、LV102、LV102O；

② 关闭 VI1R101；

③ 关闭泵 P101A 出口阀 VOP101A，停泵 P101A，关闭入口阀 VI1101A；

④ 关闭泵 P102A 出口阀 VOP102A，停泵 P102A，关闭入口阀 VI1102A；

⑤ 当汽包 V101 压力降为 0 后，打开 VO1V101，对汽包 V101 进行卸液；

⑥ 汽包 V101 卸完液，关闭 VO1V101；

⑦ 当汽包 V102 压力降为 0 后，打开 VO1V102，对汽包 V102 进行卸液；

⑧ 汽包 V102 卸完液，关闭 VO1V102；

⑨ 当上段汽包压力降为 0MPa 时，关闭 PV101I、PV101、PV101O；

⑩ 当下段汽包压力降为 0MPa 时，关闭 PV102I、PV102、PV102O。

（6）停换热器

① 关闭 TV201I、TV201、TV201O；

② 关闭 VI4V601，停止 V601 塔顶换热器；

③ 关闭 TV601 及其前后截止阀，停止 E602 释放气冷却器冷凝水；

④ 关闭 VI1E603，停止 E603 重质油冷却器冷凝水；

⑤ 停合成气空冷器 A301；

⑥ 关闭 TIC301。

6.2.4.3 正常运行操作规程

① 调节过程中，现将控制表改为手动，待稳定后再投自动或串级。

② 调整 PV401 的开度，控制 V402 的出口压力 PIC401 在 2.43MPa；

③ 调整 PV402 的开度，控制 C401 的出口压力 PIC402 在 3.3MPa；

④ 调整 PV501 的开度，控制 C501 出口压力 PIC501 在 3.3MPa；

⑤ 调整 PV801 的开度，控制 V801 的出口压力 PIC801 在 0.1MPa；

⑥ 调整 PV802 的开度，控制 C801 的出口压力 PIC802 在 2.7MPa；

⑦ 调整 FV101 的开度，控制 R101 进料量在 76154.00m³/h（标准状态）；

⑧ 调整 FV401 的开度，控制 V401 的出料量 FIC401 在 239187m³/h（标准状态）；

⑨ 调整 FV501 的开度，控制 V501 的出料量 FIC501 在 40259m³/h（标准状态）；

⑩ 调整 FV701 的开度，控制 V701 的出料量 FIC701 在 18478.3kg/h；

⑪ 调整 FV702 的开度，控制 V702 的出料量 FIC702 在 6513.16kg/h；

⑫ 调整 FV801 的开度，控制 C801 进 A301 释放气流量在 1112.00m³/h（标准状态）；

⑬ 调整 TV101 的开度，控制 R101 进料量温度 TIC101 在 230℃；

⑭ 调整 TV102 的开度，控制 V101 的温度 TIC102 在 199℃；

⑮ 调整 TV103 的开度，控制 V102 的温度 TIC103 在 199℃；

⑯ 调整 TV104 的开度，控制 R101 上段塔温度 TIC104 在 240℃；

⑰ 调整 TV201 的开度，控制出 E201 合成气的温度 TIC201 在 235℃；

⑱ 调整 TV202 的开度，控制出 E202 合成气的温度 TIC202 在 160℃；

⑲ 调整 TV301 的开度，控制出 A301 合成气的温度 TIC301 在 35℃；

⑳ 调整 TV601 的开度，控制出 E602 混合气的温度 TIC601 在 35℃；

㉑ 调整 LV101 的开度，控制出 V101 的液位在 50%；

㉒ 调整 LV102 的开度，控制出 V102 的液位在 50%；

㉓ 调整 LV301 的开度，控制出 V301 的液位在 50%；

㉔ 调整 LV401 的开度，控制出 V401 的液位在 50%；

㉕ 调整 LV402 的开度，控制出 V402 的液位在 50%；

㉖ 调整 LV601 的开度，控制出 V602 的液位在 50%；

㉗ 调整 LV701 的开度，控制出 V702 的液位在 50%；

㉘ 调整 FV701 的开度，控制出 V702 的液位在 50%；

㉙ 调整 FV702 的开度，控制出 V703 的液位在 50%。

6.2.4.4 事故处理

（1）主循环气压缩机 C401 跳车

事故现象：C401 出口压力、温度下降。

事故处理方法：具体操作参考正常停车。

（2）P701A 故障

事故现象：泵 P701A 停止工作，V702 液位上升。

事故处理方法：

① 打开泵 P701B 的入口阀 VIP701B，启动泵 P701B，打开出口阀 VOP701B；

② 关闭泵 P701A 出口阀 VOP701A、入口阀 VIP701A；

③ 将控制表 FIC701、LIC701 投手动，重新进行调节；

④ 保持 V702 的液位在 50%，V701 出料量流量在 18478.3kg/h，投串级。

（3）停电事故

事故现象：所有机泵停止工作。

事故处理方法：

① 关闭反应器 R101 进口阀 VI1E101；

② 关闭 TV101 投手动，控制反应器温度在 160～180℃；

③ PIC401 投手动，关闭 PIC401，尽量保持反应器温度压力不变；

④ 关闭 VI1V501、VO1V501、VI1V601、VI2V601、VI3V601、TV601；

⑤ 关闭 VO1V601，停止向 V602 内进料，保持 V601 液位；

⑥ 关闭 VO1V701、VO2V701，保持 V701、V702、V703 内部液位；

⑦ 关闭泵 P101A 的出口阀 VOP101A、入口阀 VIP101A；

⑧ 关闭泵 P102A 的出口阀 VOP102A、入口阀 VIP102A；

⑨ 关闭泵 P601A 的出口阀 VOP601A、入口阀 VIP601A；

⑩ 关闭泵 P701A 的出口阀 VOP701A、入口阀 VIP701A；

⑪ 关闭泵 P702A 的出口阀 VOP702A、入口阀 VIP702A；

⑫ LIC301 投手动，关闭 LV301I、LV301O、LV301；

⑬ LIC401 投手动，关闭 LV401I、LV401O、LV401；

⑭ LIC402 投手动，关闭 LV402I、LV402O、LV402；

⑮ 所有控制表投手动，并关闭其前后阀。

（4）LV101 阀卡

事故现象：汽包 V101 的液位下降。

事故处理方法：

① 打开 LV101 旁路阀 LV101B；

② 关闭 LV101 前阀 LV101I；

③ 关闭 LV101 后阀 LV101O；

④ 控制表 LIC101 由自动改为手动；

⑤ 控制 V101 的液位在 50% 左右。

6.2.5 煤制油装置 3D 仿真画面

6.2.5.1 工段 DCS 图画面

工段 DCS 图画面如图 6-46～图 6-50 所示。

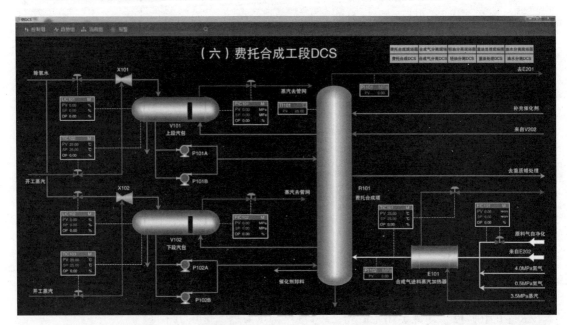

图 6-46 费托合成工段 DCS 图

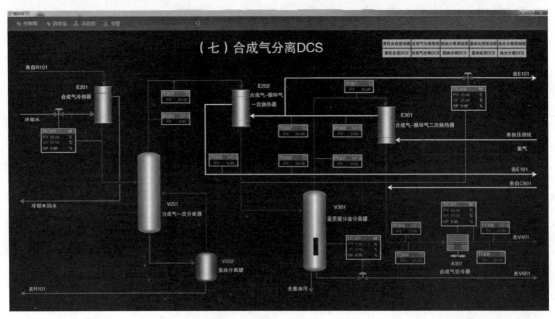

图 6-47 合成气分离工段 DCS 图

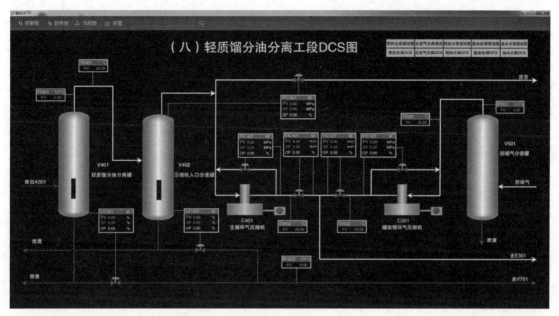

图 6-48 轻质馏分油分离工段 DCS 图

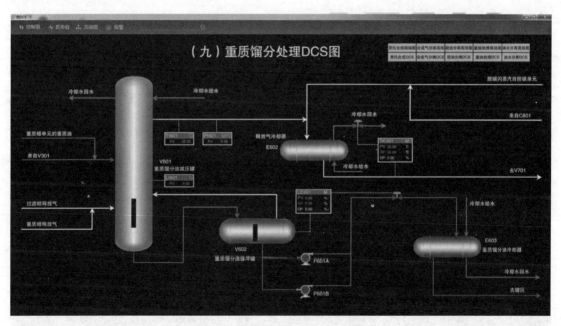

图 6-49 重质馏分处理工段 DCS 图

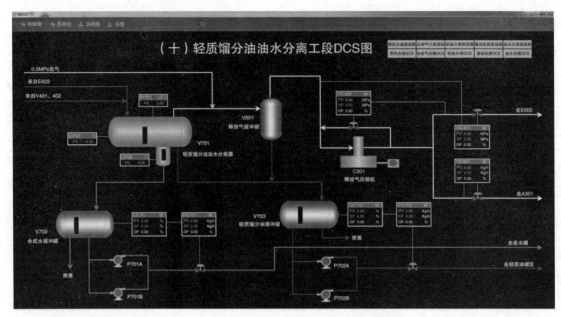

图 6-50　轻质馏分油油水分离工段 DCS 图

6.2.5.2　工段现场图画面

工段现场图画面如图 6-51～图 6-55 所示。

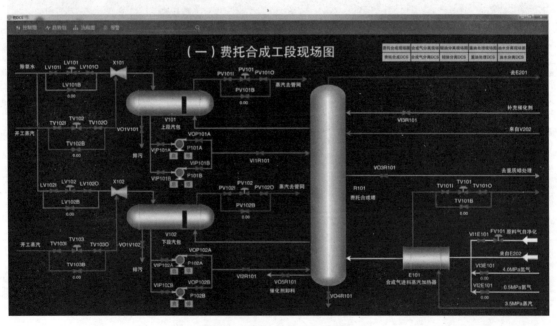

图 6-51　费托合成工段现场图

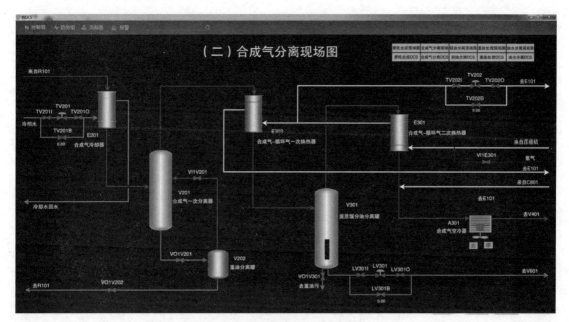

图 6-52　合成气分离工段现场图

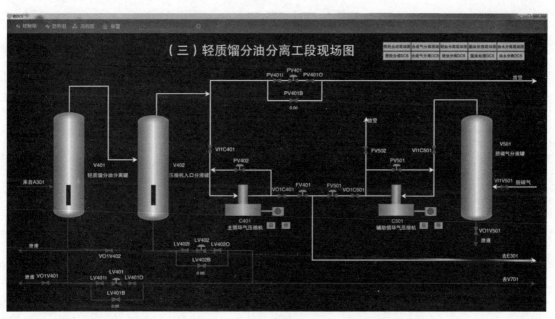

图 6-53　轻质馏分油分离工段现场图

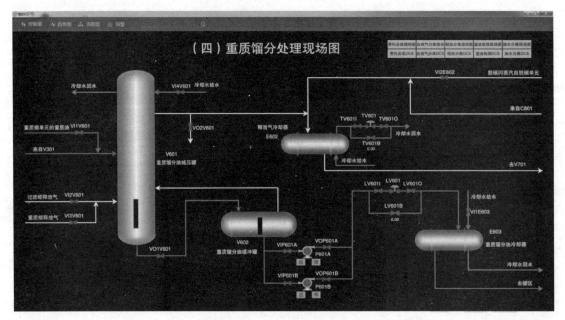

图 6-54　重质馏分处理工段现场图

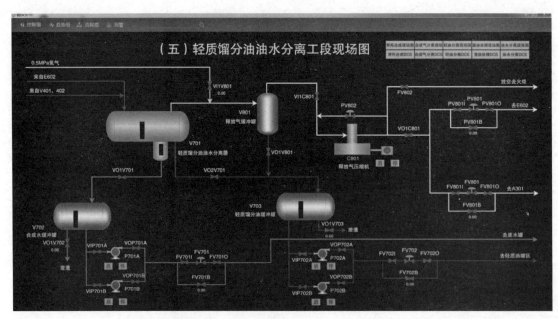

图 6-55　轻质馏分油油水分离工段现场图

6.2.5.3　3D 现场图画面

3D 现场图画面如图 6-56 所示。

(a)

(b)

(c)

图 6-56

(d)

(e)

(f)

(g)

图 6-56　3D 现场图画面

思 考 题

（1）本工艺流程中包括了常见的串级、分程、比值三种复杂调节系统，它们各有什么特点？与简单控制系统的差别是什么？

（2）主循环气压缩机 C401 跳车，会出现什么事故现象？如何处理？

（3）LV101 阀卡，会出现什么事故现象？如何处理？

参 考 文 献

[1] 宋莎.基于虚拟仿真实验教学平台的化工类专业应用创新型人才培养模式.化学教育（中英文），2019，40（22）：74-78.

[2] 王跃立.仿真技术在化工工艺课程中的教学辅助应用研究.昆明：云南师范大学，2014，06.

[3] 陈群.化工仿真操作实训.北京：化学工业出版社，2008，01.

[4] 胡磊.化工仿真在化工专业教学中的应用.化工管理，2021（02）：15-16.

[5] 宋艳玲.化工仿真教学在工艺类课程中的应用.技术与教育，2010，24（1）：37-39.

[6] 余建平，焦艳平，刘雨，等.基于响应面分析法的鼓泡板式换热器优化设计分析.当代化工，2022，51（05）：1160-1168.

[7] 姚炜莹，钟继如，单林杰，等.板式换热器参数化设计方法.当代化工，2022，51（04）：901-904.

[8] 雷勇，余子豪.浅谈换热器设计的一些结构和强度问题.化工设计，2022，32（02）：35-38＋1-2.

[9] 任永胜，王淑杰，陈丽丽，等.化工原理.北京：清华大学出版社，2018，02.

[10] 柴诚敬，贾绍义.化工原理上册.3版.北京：高等教育出版社，2016，11.

[11] 杨祖荣.化工原理.2版.北京：高等教育出版社，2014，07.

[12] 蒋丽芬.化工原理.2版.北京：高等教育出版社，2014，12.

[13] 柴诚敬，贾绍义.化工原理课程设计.北京：高等教育出版社，2015，09.

[14] 李国庭，胡永琪.化工设计及案例分析.北京：化学工业出版社，2016，07.

[15] 贾绍义，柴诚敬.化工原理（下册）——化工传质与分离过程.3版.北京：化学工业出版社，2020，09.

[16] 夏清，姜峰.化工原理.北京：化学工业出版社，2021，09.

[17] 叶向群，单岩.化工原理实验及虚拟仿真.北京：化学工业出版社，2017，10.

[18] 侯影飞.化工仿真实训教程.北京：中国石化出版社，2015，08.

[19] 张亚婷，任秀彬.化工仿真实训教程.北京：化学工业出版社，2022，03.

[20] 李大尚.煤制油工艺技术分析与评价.煤化工，2003，31（1）：17-23.

[21] 周立进.费托合成工艺研究进展.石油化工，2012，41（12）：1429-1436.

[22] 娄爱娟，吴志泉，吴叙美.化工设计.上海：华东理工大学出版社，2002，08.

[23] 厉玉鸣.化工仪表及自动化.6版.北京：化学工业出版社，2019，02.